Das Forderheft 1

Mathematik

Nina Simon und Hendrik Simon

AF634777

Name: ______________________________

Klasse: ______________

Bestell-Nr. 1504-58 · ISBN 978-3-619-15458-6

www.mildenberger-verlag.de
E-Mail: info@mildenberger-verlag.de
10. Auflage 2025

Redaktion: Sebastian Tonner
Illustrationen: tiff.any GmbH, Berlin/Mario Kuchinke-Hofer, Miriam Fritz
Layoutkonzeption: tiff.any GmbH, Berlin
Gestaltung und Satz: tiff.any GmbH, Berlin
Druck: Linsen Druckcenter GmbH, 47533 Kleve
Gedruckt auf umweltfreundlichen Papieren

Mildenberger

~~3~~ ~~4~~ (5)

6 7 8

0 1 2

12 13 14

9 10 11

6 7 8

0 1 2

7 8 9

9 10 11

Passende Anzahl einkreisen

Anzahl der Würfel bestimmen;
die Mauern haben ein festes Muster

nach links	nach rechts	nach oben	nach unten

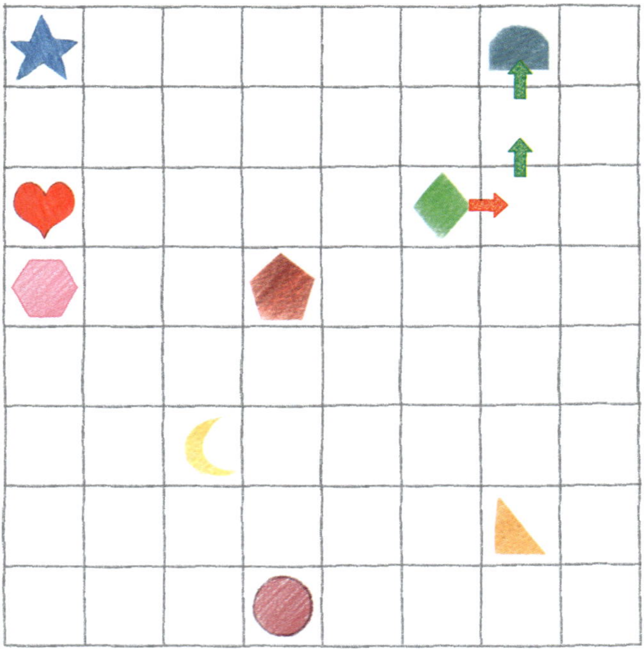

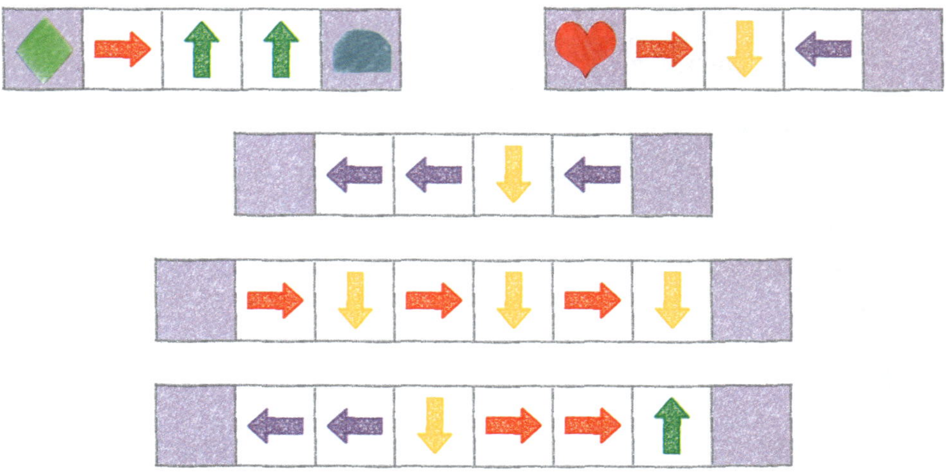

1

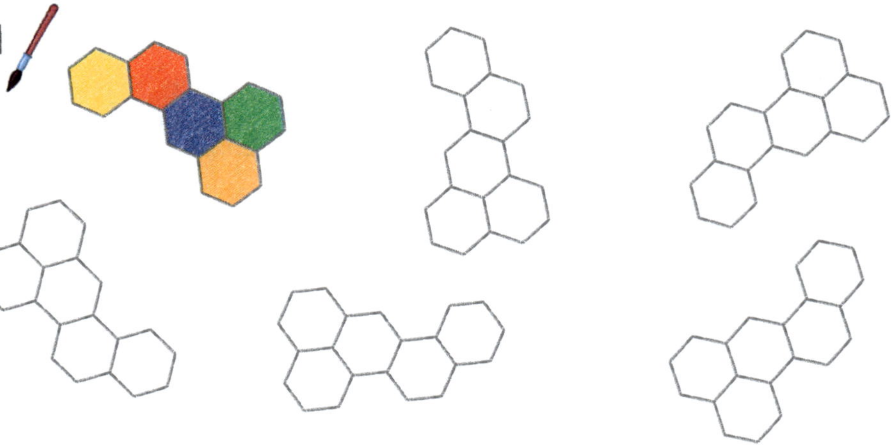

2

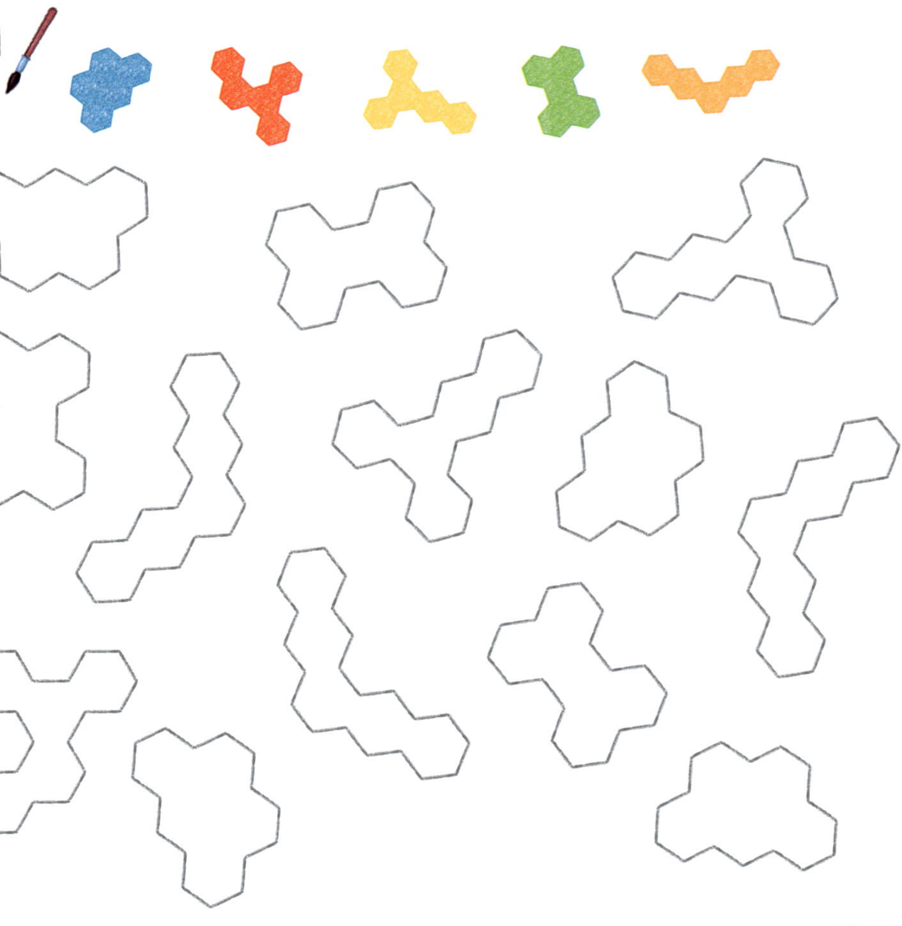

1 Figuren entsprechend der Vorgabe anmalen
2 Gleiche Formen in der gleichen Farbe anmalen

1 = 2 = 3 = 4 = 5 =

6 = 7 = 8 = 9 = 10 =

Streifen in der richtigen Farbe anmalen

Zur Überprüfung der Lösung mit Streifen (Beilage 2) auslegen

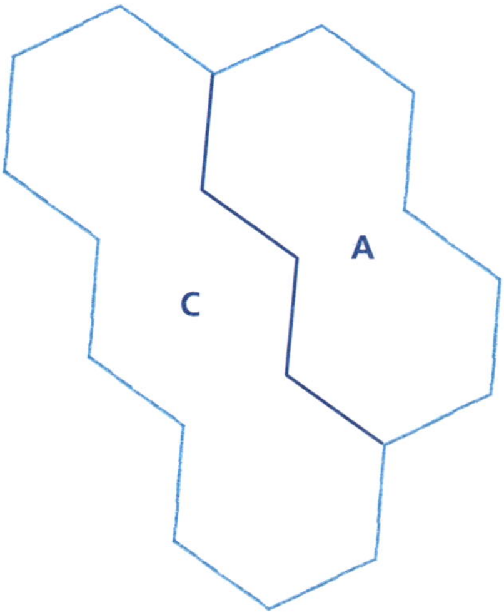

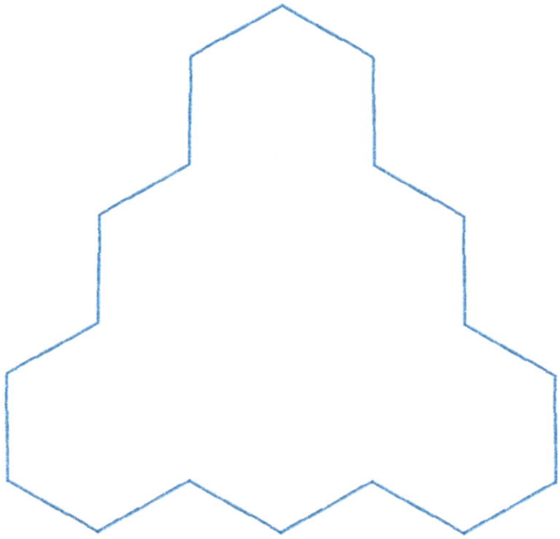

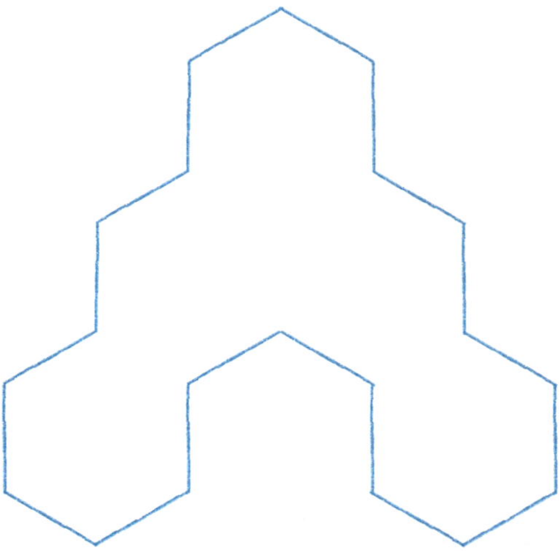

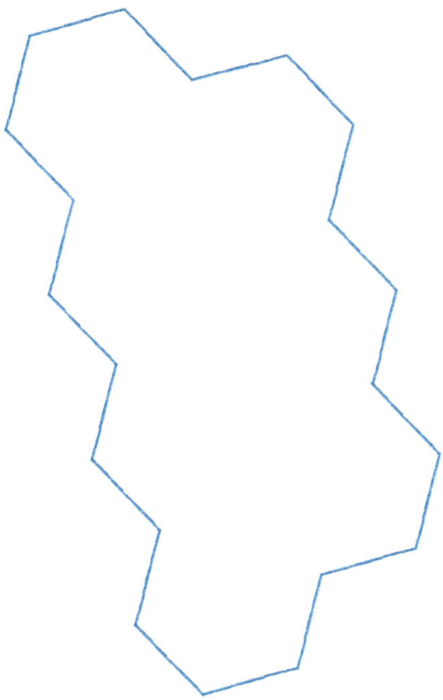

Figuren mit Eisschollen (Beilage 1) auslegen und Lösung einzeichnen;
es können mehrere Lösungen möglich sein

Anzahl der jeweiligen Formen bestimmen und eintragen

Was sieht  rechts, was links?

→

Was sieht  rechts, was links?

Lege aus.

1.	1	3
2.		
3.		
4.		

1.		
2.		
3.		

1.		
2.		
3.		
4.		
5.		

Flächen mit farbigen Streifen (Beilage 2) auslegen; Anzahlen notieren

Färbe interessant.

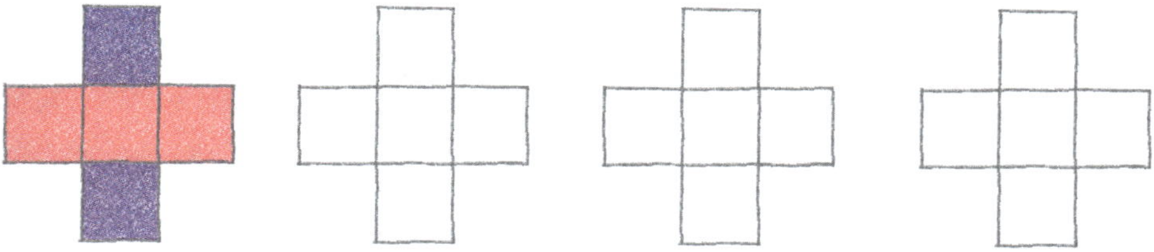

5 | | |
2 + | + | + + | + +

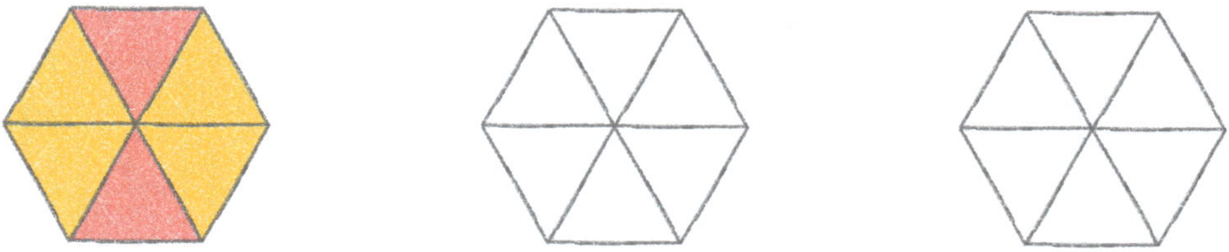

4 + | + | + +

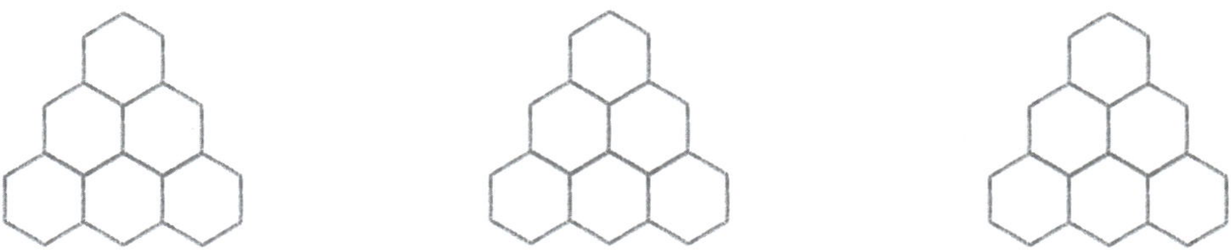

\+ | + + | + +

Zahlzerlegungen finden und notieren
Die Felder der Figuren so einfärben, dass schöne Muster entstehen, welche die Zerlegungen darstellen.

Gesamtlängen der farbigen Streifen (Beilage 2) vergleichen

1

○	
□	
△	
▭	
⬡	

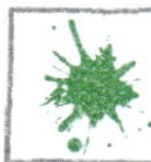	

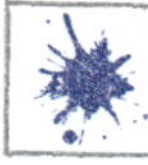	

2

○	3
□	8
△	6
▭	1

	2
	4
	5
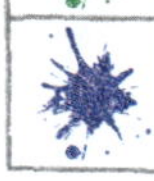	7

1 Anzahlen der Formen bestimmen und notieren

2 Formen in vorgegebener Anzahl und Farbe zeichnen

Ordne.

A > C > ___

> >

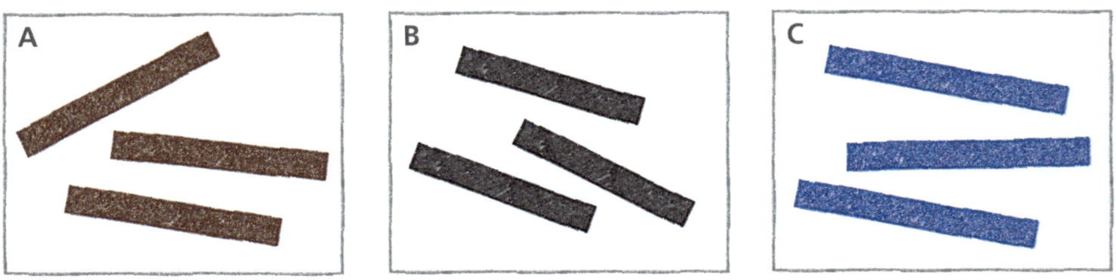

> >

Gesamtlänge der farbigen Streifen (Beilage 2) vergleichen und ordnen

Lege aus.

1.		
2.		
3.		
4.		
5.		
6.		

1.		
2.		
3.		
4.		
5.		
6.		
7.		
8.		
9.		

Flächen mit farbigen Streifen (Beilage 2) auslegen; Anzahlen notieren

1 Färbe interessant.

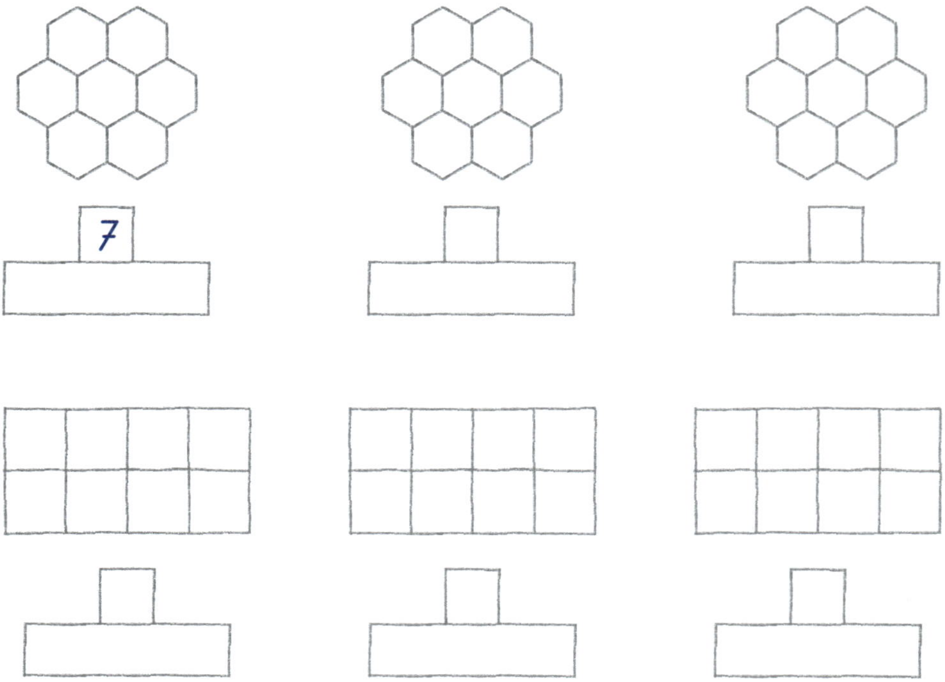

2 Erfinde eine eigene Figur.

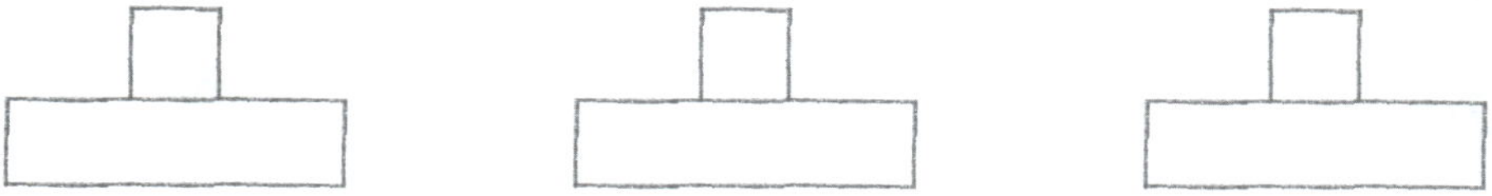

1 Zahlzerlegungen finden und notieren; die Felder der Figuren so einfärben, dass schöne Muster entstehen, welche die Zerlegungen darstellen 2 Eigene Figur erfinden und auf verschiedene Weisen zerlegen

Ordne.

1.

4.

2 + 2 = 4
3 + 2 = 5
4 + 2 = 6
5 + 2 = 7
6 + 2 = 8

3 + □ = 9
3 + □ = 8
3 + □ = □
□ + 3 = □
□ + 2 = □

□ + □ = □
6 + □ = 7
□ + 2 = 7
□ + □ = □
□ + □ = □

□ + □ = 5
□ + 1 = □
□ + 2 = □
□ + □ = 8
□ + □ = □

2 + 6 = □
□ + □ = □
□ + □ = □
□ + □ = □
6 + 2 = □

□ + □ = □
4 + □ = 8
□ + □ = 7
□ + 4 = □
□ + □ = □

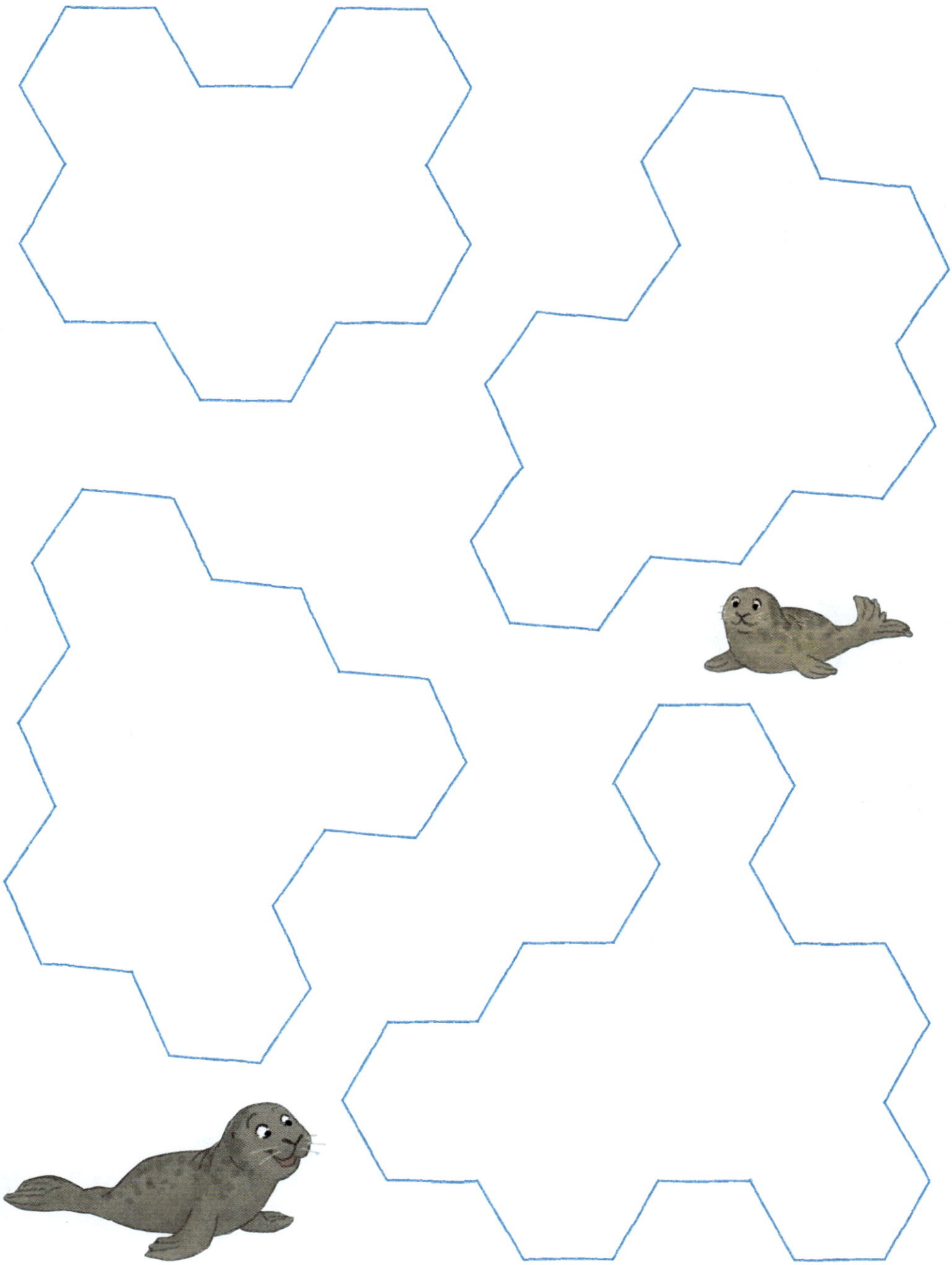

Figuren mit Eisschollen (Beilage 1) auslegen und Lösung einzeichnen;
es können mehrere Lösungen möglich sein

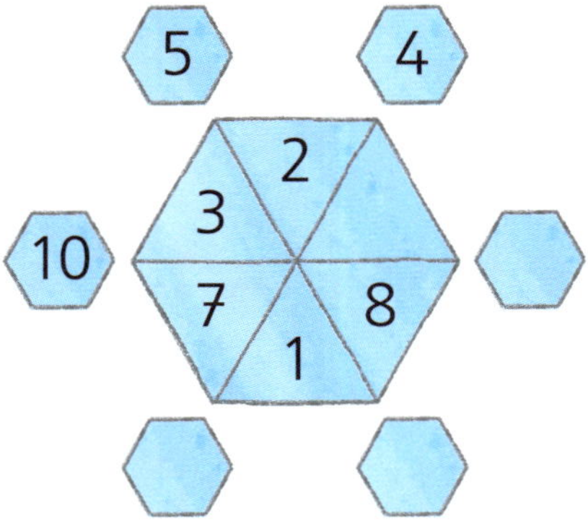

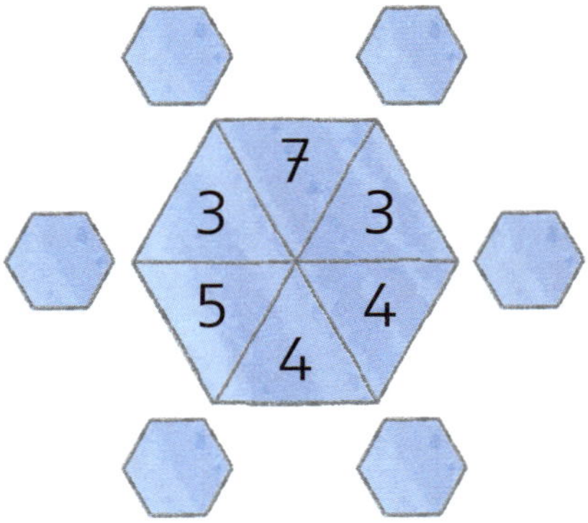

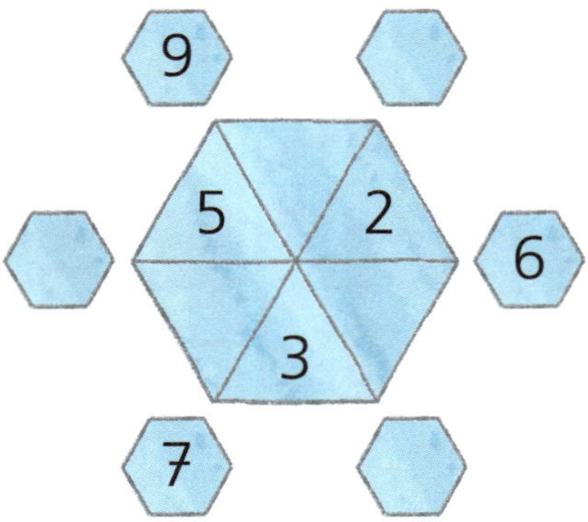

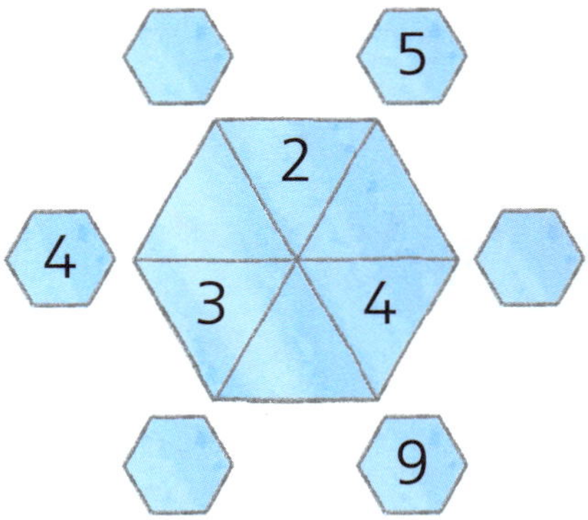

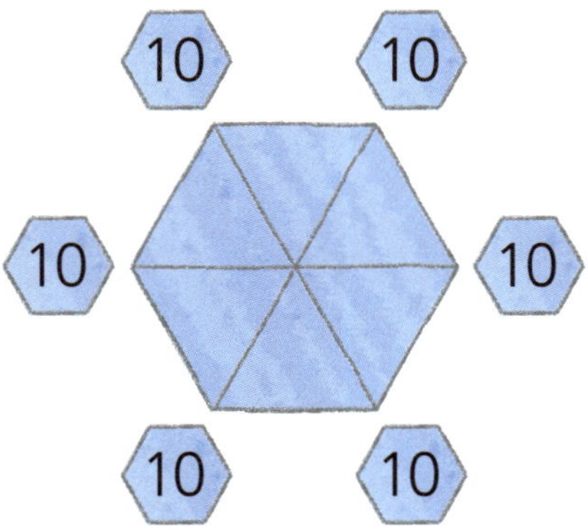

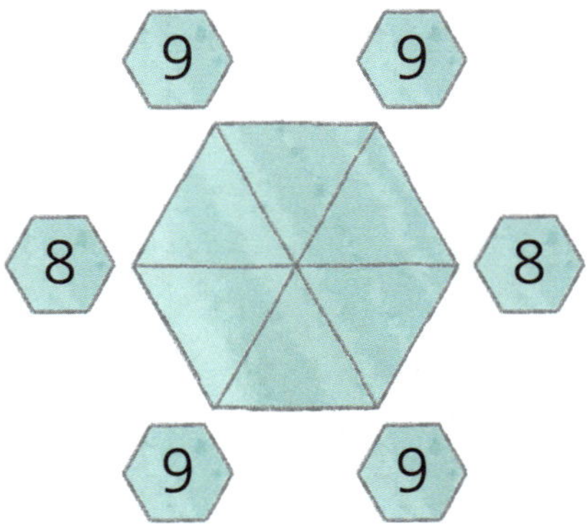

Rechenregeln erkennen, fehlende Zahlen notieren

Finde alle Aufgaben. Es dürfen immer nur die vorgegebenen Zahlen vorkommen.

1 3 5 4

3 + 1 = 4
5 − 4 = 1
4 + ___ = 5
___ − ___ = ___
___ + ___ = ___
___ − ___ = ___
___ + ___ = ___
___ − ___ = ___

3 5 2 7

___ + ___ = ___
___ − ___ = ___
___ + ___ = ___
___ − ___ = ___
___ + ___ = ___
___ − ___ = ___
___ + ___ = ___
___ − ___ = ___

3 7 10 4

___ + ___ = ___
___ − ___ = ___
___ + ___ = ___
___ − ___ = ___
___ + ___ = ___
___ − ___ = ___
___ + ___ = ___
___ − ___ = ___

2 8 6 10

___ + ___ = ___
___ − ___ = ___
___ + ___ = ___
___ − ___ = ___
___ + ___ = ___
___ − ___ = ___
___ + ___ = ___
___ − ___ = ___

Trage die fehlenden Zahlen ein.

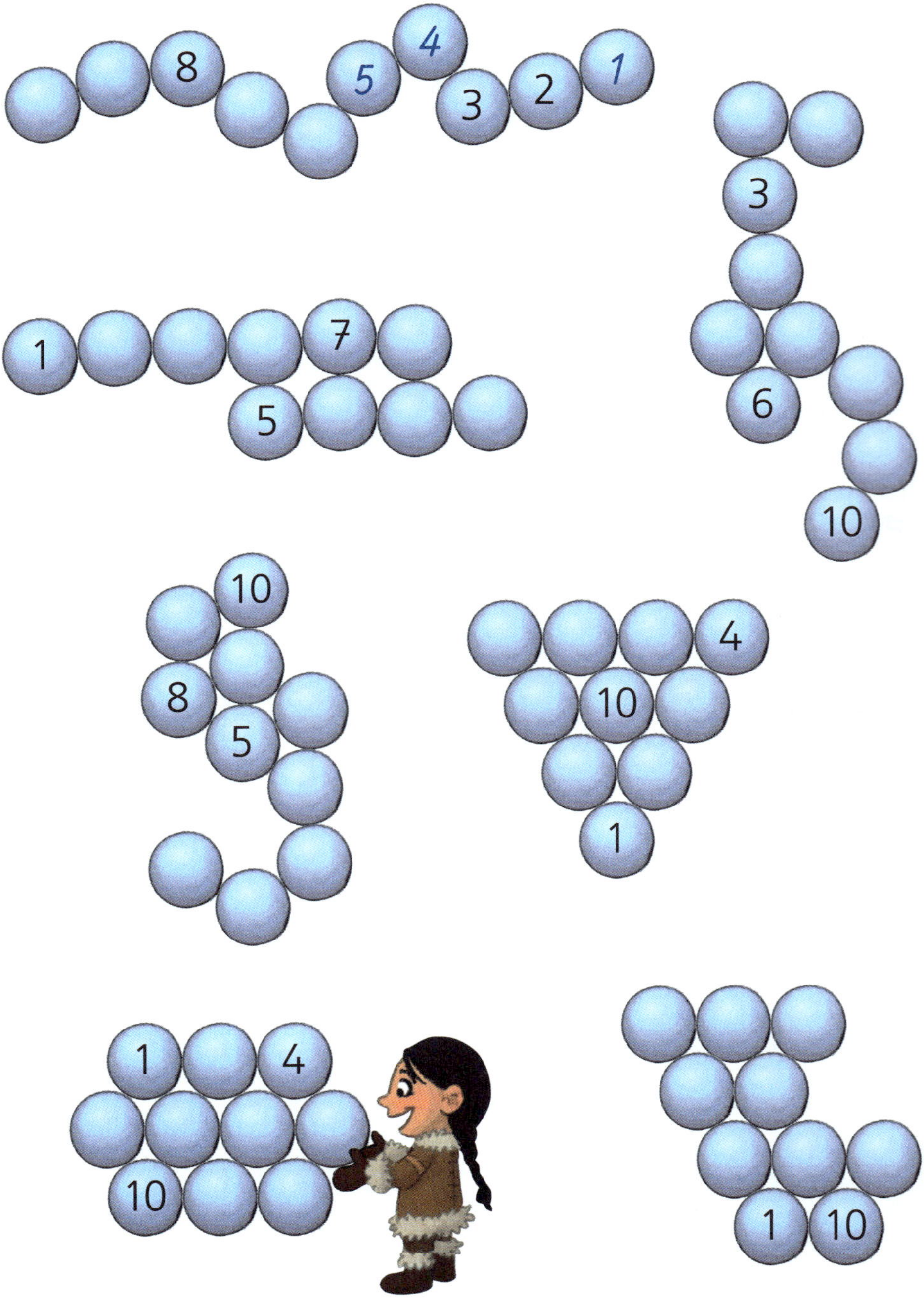

Zahlen so eintragen, dass sich eine durchgehende Zahlenkette ergibt

Zusammengehörende Teile finden und in der gleichen Farbe einkreisen

Zur Überprüfung der Lösung Figuren mit Steckwürfeln nachbauen

Setze die Zahlen ein.

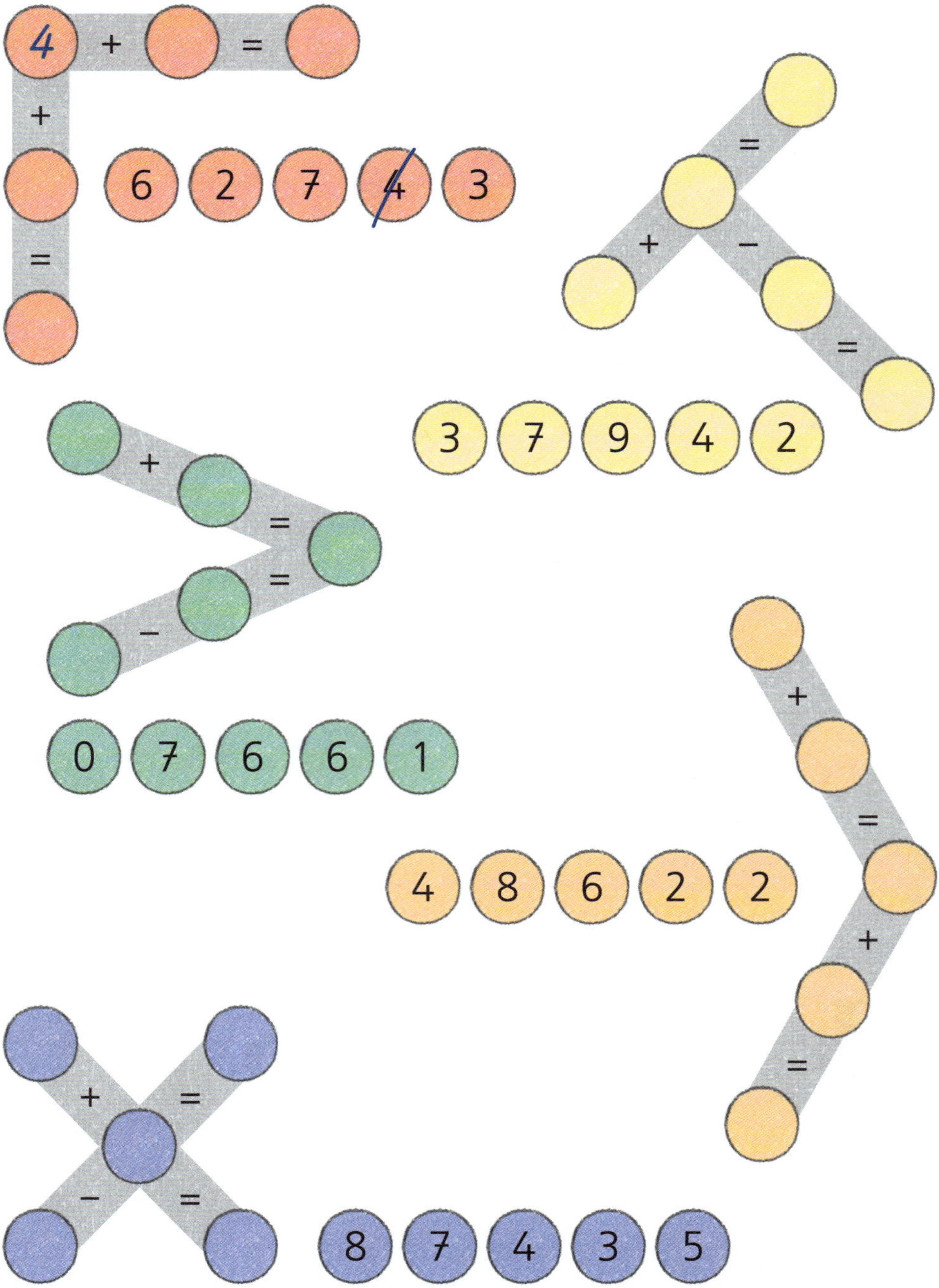

Das Übungsheft Sachrechnen Mathematik 1/2

Für viele Kinder ist das Sachrechnen eine große Herausforderung. Das Übungsheft Sachrechnen trainiert gezielt die notwendigen Teilkompetenzen. So können sie neues Selbstvertrauen im Umgang mit Sachaufgaben gewinnen.
Mit farbigem Silbentrenner für leichteres Leseverständnis.

Das Übungsheft Sachrechnen Mathematik 1/2
48 S., mit zwei Beilagen und Lösungsheft (12 S.), vierf., Gh, DIN A4, mit Stickerbogen
ISBN 978-3-619-15453-1

www.mildenberger-verlag.de/711

Das Übungsheft Größen Mathematik 1/2

Viele Kinder haben Schwierigkeiten im Umgang mit Größen, weil sie mental nicht auf Merkgrößen zurückgreifen können. Das ist aber wichtig, um sich im Alltag gut zu orientieren.
Das Übungsheft führt die Größen schrittweise ein. Mit Anregungen und Beilagen zum handelnden Umgang mit Größen.

Das Übungsheft Größen Mathematik 1/2
48 S., vierf., Gh, DIN A4, mit Lösungsheft (12 S., vierf.), Stickerbogen, Beilagen (kt)
ISBN 978-3-619-15439-5

www.mildenberger-verlag.de/747

Das Übungsheft Geometrie 1/2

Dieses Übungsheft bietet den Kindern die Möglichkeit, sich ausführlich und grundlegend mit den geometrischen Inhalten des ersten und zweiten Schuljahrs zu befassen.

Das Übungsheft Geometrie 1/2
48 S., mit Lösungsheft (12 S.), vierf., Gh, DIN A4, mit Stickerbogen und Beilagen
ISBN 978-3-619-15451-7

www.mildenberger-verlag.de/733

Fünf raffinierte Kartenspiele zum 1+1 und 1x1

In diesem Set befinden sich 3 Einspluseins-Spiele (91, 95, 109 Spielkarten) in unterschiedlichen Zahlenräumen und 2 Einmaleins-Spiele (48, 52 Spielkarten) mit unterschiedlichem Schwierigkeitsgrad.

Fünf raffinierte Kartenspiele zum 1+1 und 1x1
5 Kartenspiele mit 48 bis 109 Karten, Anleitung, Kartonbox
ISBN 978-3-619-15227-8

www.mildenberger-verlag.de/626

2 

3 

4 

5 

6 

7 

8 

9 

10 

11 

12 

13 

14 

15 

16 

17 

18 

19 

20 

21 

22 

23 

24 

25 

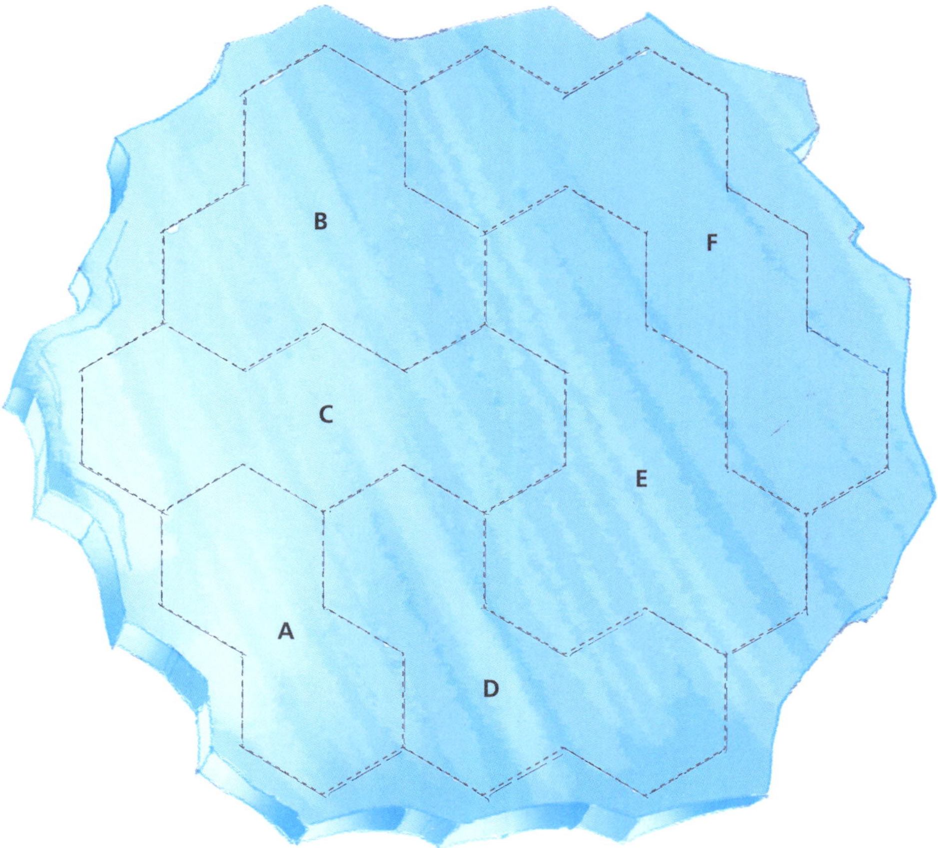
B
F
C
E
A
D

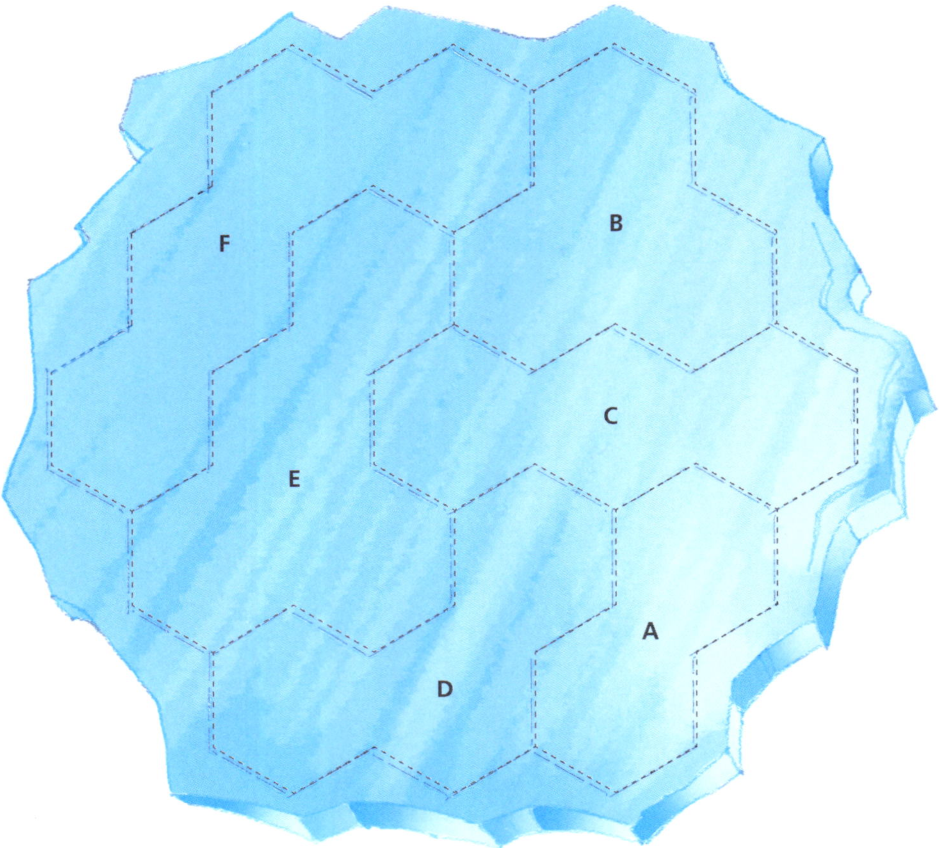
F
B
C
E
A
D

Passende Anzahl einkreisen

Anzahl der Würfel bestimmen;
die Mauern haben ein festes Muster

nach links	nach rechts	nach oben	nach unten

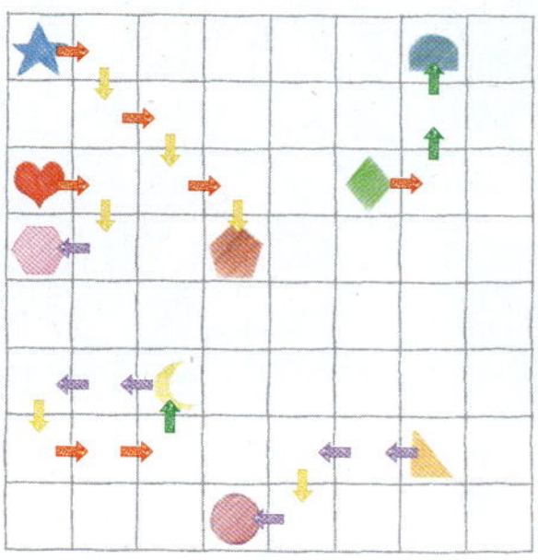

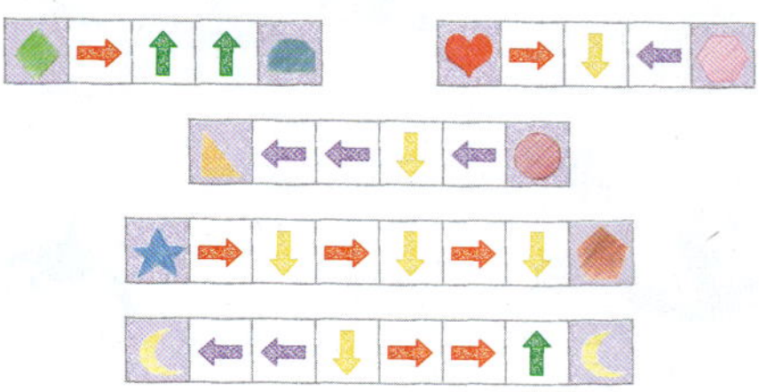

1

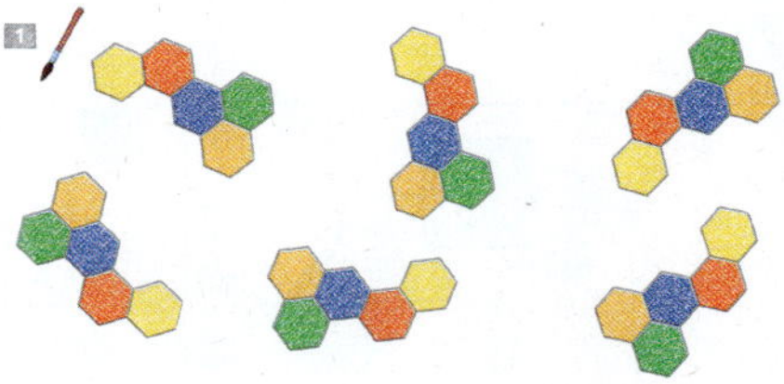

2

Passende Symbole zur Wegbeschreibung zeichnen

1 Figuren entsprechend der Vorgabe anmalen
2 Gleiche Formen in der gleichen Farbe anmalen

1 = 2 = 3 = 4 = 5 =

6 = 7 = 8 = 9 = 10 =

Streifen in der richtigen Farbe anmalen

Zur Überprüfung der Lösung mit Streifen (Beilage 2) auslegen

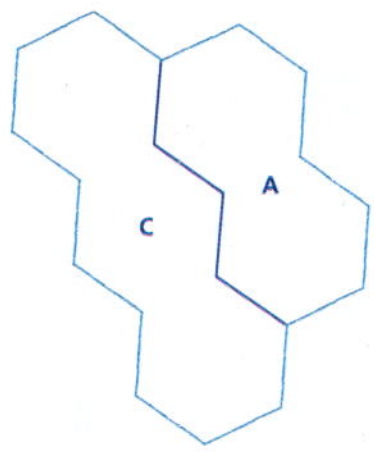

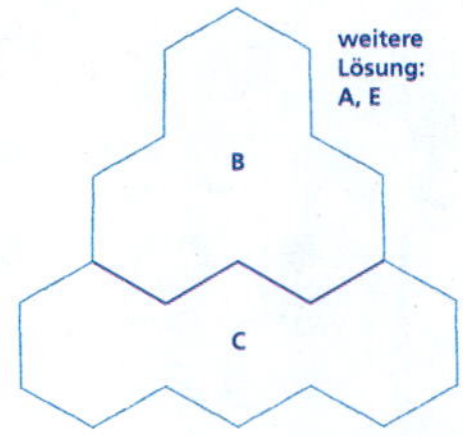

weitere Lösung: A, E

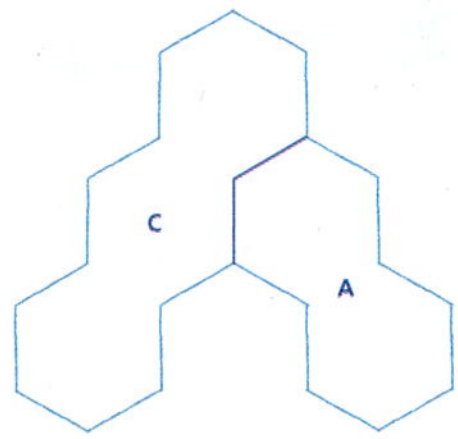

weitere Lösung: C, F

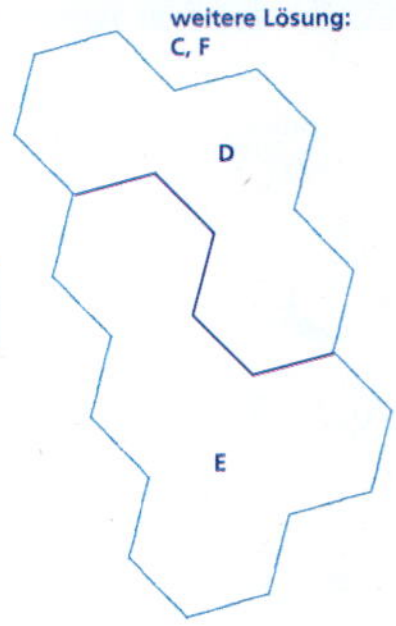

Es können immer auch gespiegelte oder gedrehte Varianten der angegebenen Eisschollenkombinationen möglich sein.

	4
	4
	3

	3
	5
	4

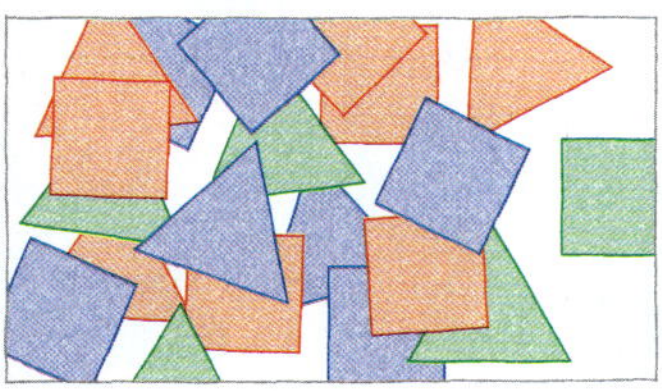

	5
	2
	5
	4

Anzahl der jeweiligen Formen bestimmen und eintragen

Was sieht rechts, was links?

→ ← → ← →

Was sieht rechts, was links?

→ → → ← ←

Lege aus.

1.	1	3
2.	3	2
3.	5	1
4.	7	0

1.	6	0
2.	3	2
3.	0	4

1.	4	0
2.	3	3
3.	2	6
4.	1	9
5.	0	12

Flächen mit farbigen Streifen (Beilage 2) auslegen; Anzahlen notieren

Färbe interessant.

5: 2 + 3 — 5: 1 + 4 * — 5: 2 + 1 + 2 * — 5: 1 + 3 + 1 *

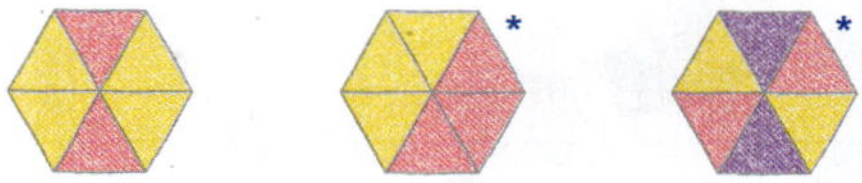

6: 4 + 2 — 6: 3 + 3 * — 6: 2 + 2 + 2 *

6: 5 + 1 * — 6: 1 + 2 + 3 * — 6: 1 + 4 + 1 *

Zahlzerlegungen finden und notieren

Die Felder der Figuren so einfärben, dass schöne Muster entstehen, welche die Zerlegungen darstellen.

*** Beispiellösung: andere Zerlegungen und Färbungen sind möglich.**

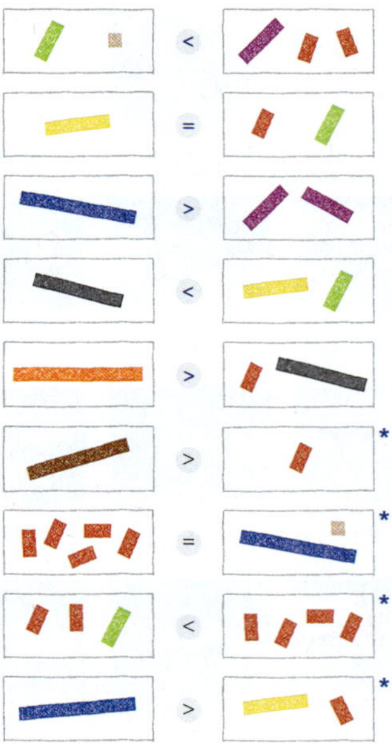

<, =, >, <, >, > *, = *, < *, > *

Gesamtlängen der farbigen Streifen (Beilage 2) vergleichen

*** Beispiellösung: andere Lösungen sind möglich.**

1

Form	Anzahl
○	5
□	2
△	4
▭	2
⬡	2

Farbe	Anzahl
grün	2
orange	3
rot	1
gelb	5
blau	4

2 *

Form	Anzahl
○	3
□	8
△	6
▭	1

Farbe	Anzahl
rot	2
gelb	4
grün	5
blau	7

1 Anzahlen der Formen bestimmen und notieren

2 Formen in vorgegebener Anzahl und Farbe zeichnen

*** Beispiellösung: andere Lösungen sind möglich.**

Ordne.

A > C > B

B > C > A

C > A > B

Gesamtlänge der farbigen Streifen (Beilage 2) vergleichen und ordnen

Lege aus.

1.	10	0
2.	8	1
3.	6	2
4.	4	3
5.	2	4
6.	0	5

1.	8	0
2.	7	2
3.	6	4
4.	5	6
5.	4	8
6.	3	10
7.	2	12
8.	1	14
9.	0	16

Flächen mit farbigen Streifen (Beilage 2) auslegen; Anzahlen notieren

1 Färbe interessant.

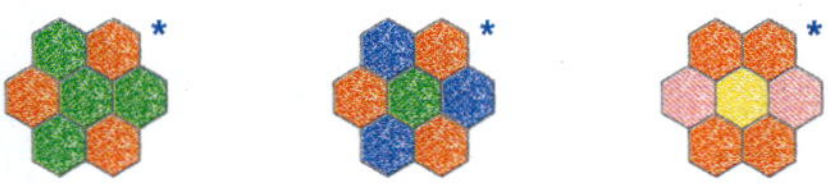

7	7	7
4 + 3	3 + 3 + 1	4 + 1 + 2

8	8	8
4 + 4	2+2+2+2	2 + 6

2 Erfinde eine eigene Figur.

9	9	9
5 + 4	6 + 3	1 + 4 + 4

1 Zahlzerlegungen finden und notieren; die Felder der Figuren so einfärben, dass schöne Muster entstehen, welche die Zerlegungen darstellen **2** Eigene Figur erfinden und auf verschiedene Weisen zerlegen

*** Beispiellösung: andere Zerlegungen und Färbungen sind möglich.**

Ordne.

1.

6.

5.

10.

9.

3.

7.

8.

2.

4.

Bilder in die richtige Reihenfolge bringen

2 + 2 = 4
3 + 2 = 5
4 + 2 = 6
5 + 2 = 7
6 + 2 = 8

3 + 6 = 9
3 + 5 = 8
3 + 4 = 7
3 + 3 = 6
3 + 2 = 5

7 + 0 = 7
6 + 1 = 7
5 + 2 = 7
4 + 3 = 7
3 + 4 = 7

5 + 0 = 5
5 + 1 = 6
5 + 2 = 7
5 + 3 = 8
5 + 4 = 9

2 + 6 = 8
3 + 5 = 8
4 + 4 = 8
5 + 3 = 8
6 + 2 = 8

5 + 4 = 9
4 + 4 = 8
3 + 4 = 7
2 + 4 = 6
1 + 4 = 5

Regelmäßige Päckchen ergänzen und lösen

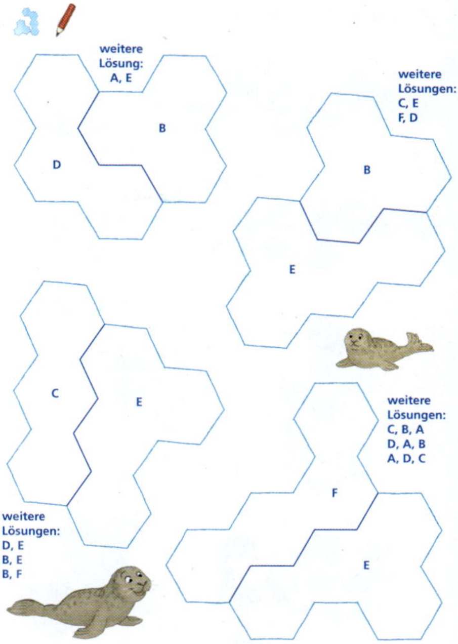

Es können immer auch gespiegelte oder gedrehte Varianten der angegebenen Eisschollenkombinationen möglich sein.

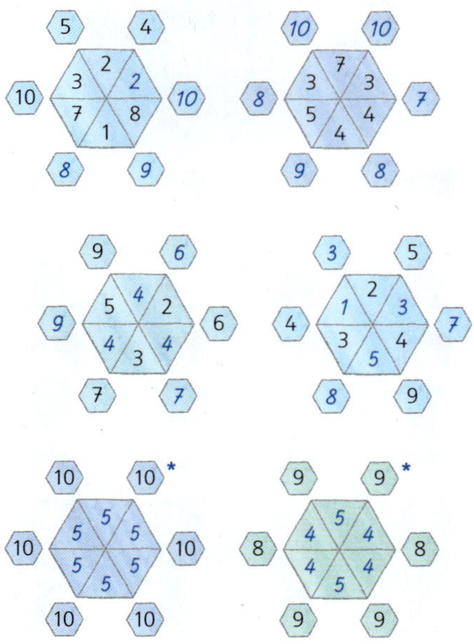

Finde alle Aufgaben. Es dürfen immer nur die vorgegebenen Zahlen vorkommen.

1 3 5 4

3 + 1 = 4
5 – 4 = 1
4 + 1 = 5
5 – 1 = 4
1 + 3 = 4
4 – 1 = 3
1 + 4 = 5
4 – 3 = 1

3 5 2 7

3 + 2 = 5
5 – 2 = 3
2 + 3 = 5
5 – 3 = 2
5 + 2 = 7
7 – 2 = 5
2 + 5 = 7
7 – 5 = 2

3 7 10 4

3 + 4 = 7
7 – 4 = 3
4 + 3 = 7
7 – 3 = 4
7 + 3 = 10
10 – 3 = 7
3 + 7 = 10
10 – 7 = 3

2 8 6 10

2 + 6 = 8
8 – 6 = 2
6 + 2 = 8
8 – 2 = 6
2 + 8 = 10
10 – 8 = 2
8 + 2 = 10
10 – 2 = 8

Rechenregeln erkennen, fehlende Zahlen notieren

Aufgabenfamilien mit plus und minus

*** Beispiellösung: andere Lösungen sind möglich.**

Trage die fehlenden Zahlen ein.

Zahlen so eintragen, dass sich eine durchgehende Zahlenkette ergibt

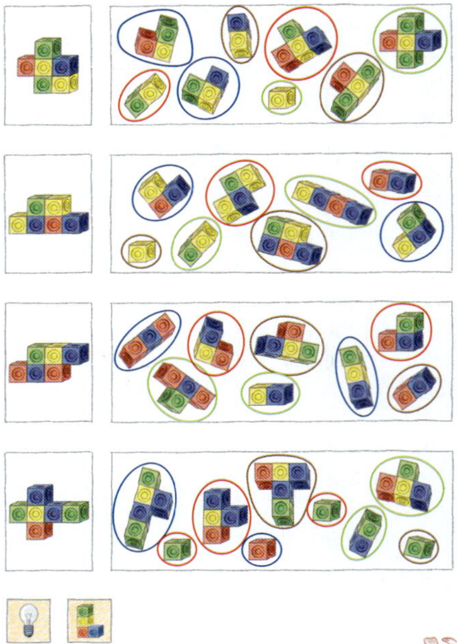

Zusammengehörende Teile finden und in der gleichen Farbe einkreisen

Zur Überprüfung der Lösung Figuren mit Steckwürfeln nachbauen

Setze die Zahlen ein.

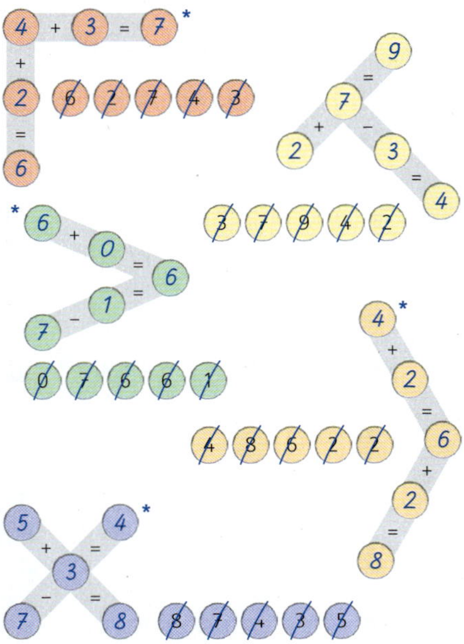

*** Beispiellösung: andere Lösungen sind möglich.**

Alle Kombinationen finden und einzeichnen

Färbe interessant.

12
6 + 6

 *

12
3 + 9

 *

12
3 + 3 + 6

 *

12
3 + 3 + 3 + 3

 **

12
2 + 4 + 4 + 2

 **

12
1 + 5 + 5 + 1

 **

12
3 + 3 + 3 + 3

 **

12
2 + 2 + 4 + 4

 **

13
4 + 3 + 3 + 3

Setze fort.

Zahlzerlegungen finden und notieren

*** Beispiellösung: andere Färbungen sind möglich.**

**** Beispiellösung: andere Zerlegungen und Färbungen sind möglich.**

Finde 10 Fehler im unteren Bild. Kreise ein.

Trage die fehlenden Zahlen ein.

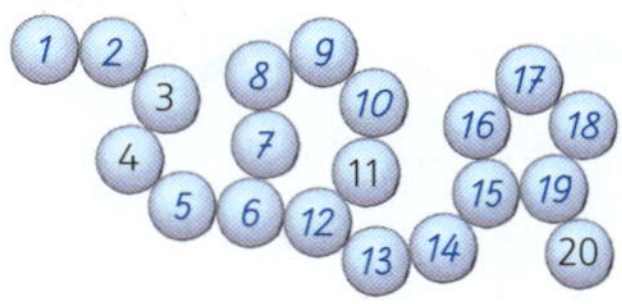

Zahlen so eintragen, dass sich eine durchgehende Zahlenkette ergibt

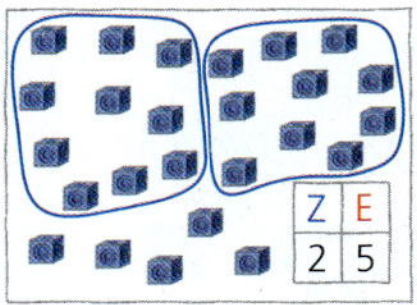

20 + 5 = 25

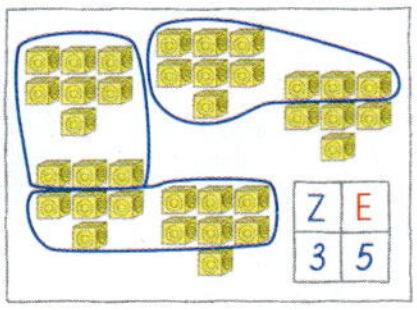

30 + 5 = 35

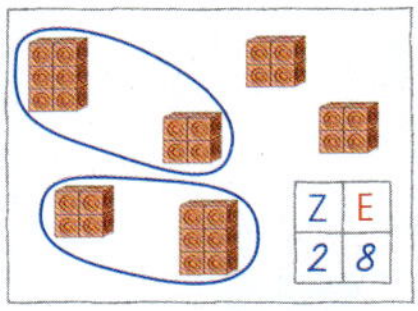

20 + 8 = 28

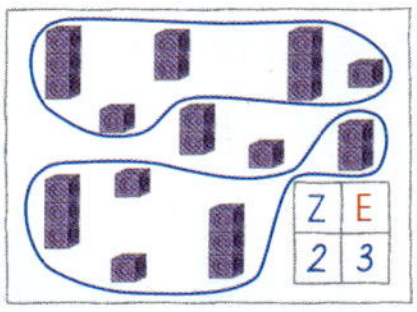

20 + 3 = 23

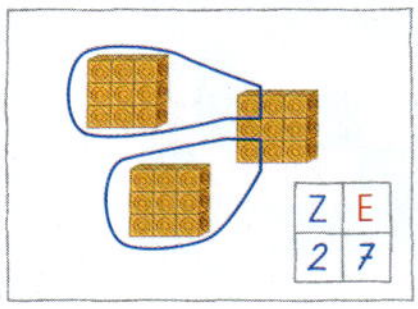

20 + 7 = 27

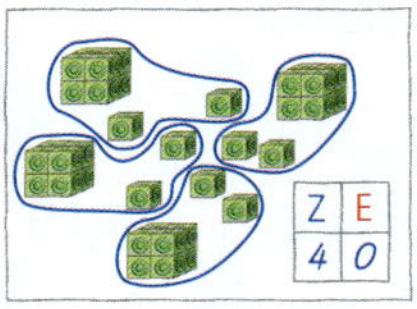

40 + 0 = 40

Steckwürfel bündeln, Ergebnisse in Stellenwerttabelle eintragen und Plusaufgabe notieren

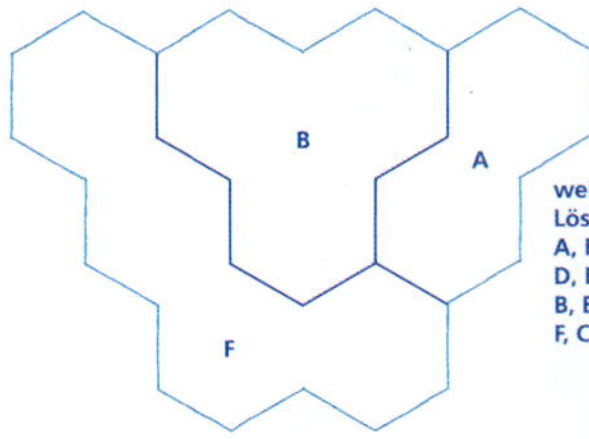

weitere Lösungen:
A, E, C
D, E, A
B, E, A
F, C, A

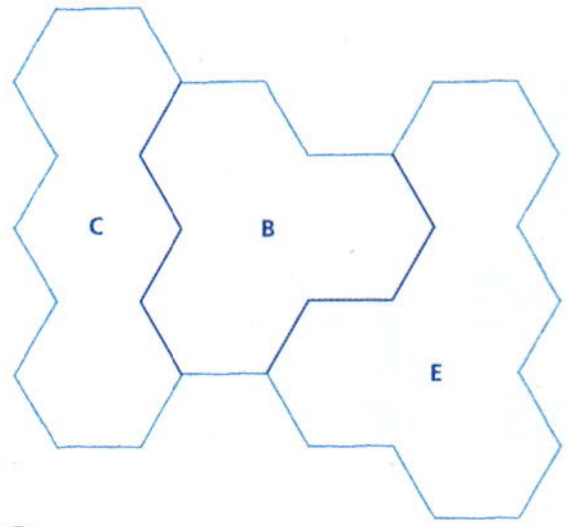

weitere Lösungen:
B, D, E
F, E, A
C, E, D

Es können immer auch gespiegelte oder gedrehte Varianten der angegebenen Eisschollenkombinationen möglich sein.

Ordne.

B > A > C

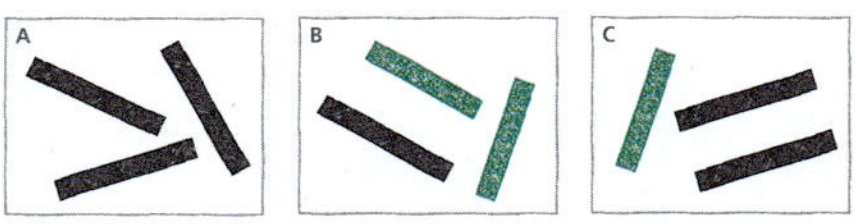

A > C > B

B > C > A

A > B > C

Gesamtlängen der farbigen Streifen vergleichen und ordnen;
die Streifen von Beilage 2 können dabei helfen

	1	2	5	10	20
10	—	—	2	—	—
10	2	4	—	—	—
10	—	5	—	—	—
10	—	—	—	1	—
10	1	2	1	—	—

*

	1	2	5	10	20
20	—	—	2	1	—
20	2	4	2	—	—
20	—	—	4	—	—
20	—	10	—	—	—
20	—	—	—	—	1

*

Geldbeträge auf unterschiedliche Weisen darstellen;
kann mit Spielgeld kontrolliert werden

*** Beispiellösung: andere Lösungen sind möglich.**

2 + 11 = 13
5 + 5 = 10

9 + 6 = 15
3 + 7 = 10

3 + 4 = 7
10 − 4 = 6

20 − 8 = 12
8 − 4 = 4

7 − 6 = 1
11 + 5 = 16

13 + 5 = 18
20 − 5 = 15

5	5	9	5	10
6	12	7	13	4
15	3	13	8	6
11	11	6	10	18
15	20	4	7	3
	4	1	5	7
		8		

Passende Zahlen in die Gleichungen einsetzen

Ganz unten darf immer nur 0 oder 1 stehen.

3
2 1
1 1 0

7
3 4
1 2 2
0 1 1 1

5 *
3 2
2 1 1
1 1 0 1

10 *
5 5
3 2 3
2 1 1 2
1 1 0 1 1

6
3 3
1 2 1
0 1 1 0

20 *
10 10
4 6 4
1 3 3 1
0 1 2 1 0
0 0 1 1 0 0

Rechenmauern lösen; es sind verschiedene Lösungen möglich

*** Beispiellösung: andere Lösungen sind möglich.**

Finde alle Aufgaben. Es dürfen immer nur die vorgegebenen Zahlen vorkommen.

5 6 11 17

5	+	6	=	11
11	−	6	=	5
6	+	5	=	11
11	−	5	=	6
11	+	6	=	17
17	−	6	=	11
6	+	11	=	17
17	−	11	=	6

4 8 12 16

4	+	8	=	12
12	−	8	=	4
8	+	4	=	12
12	−	4	=	8
4	+	12	=	16
16	−	12	=	4
12	+	4	=	16
16	−	4	=	12

2 7 9 16

2	+	7	=	9
9	−	7	=	2
7	+	2	=	9
9	−	2	=	7
9	+	7	=	16
16	−	7	=	9
7	+	9	=	16
16	−	9	=	7

6 7 13 20

6	+	7	=	13
13	−	7	=	6
7	+	6	=	13
13	−	6	=	7
7	+	13	=	20
20	−	13	=	7
13	+	7	=	20
20	−	7	=	13

Aufgabenfamilien mit plus und minus

0 0 / 0 7	7
1 1 / 0 5	7
3 4 / 0 0	7
1 1 / 3 2	7
2 2 / 3 0	7
2 2 / 2 1	7
2 5 / 0 0	7
3 3 / 1 0	7
4 2 / 1 0	7
6 1 / 0 0	7
1 1 / 1 4	7

Alle viergliedrigen Zerlegungen der Zahl 7 finden

Das Forderheft 1 – Lösungen (Seite 38–41)

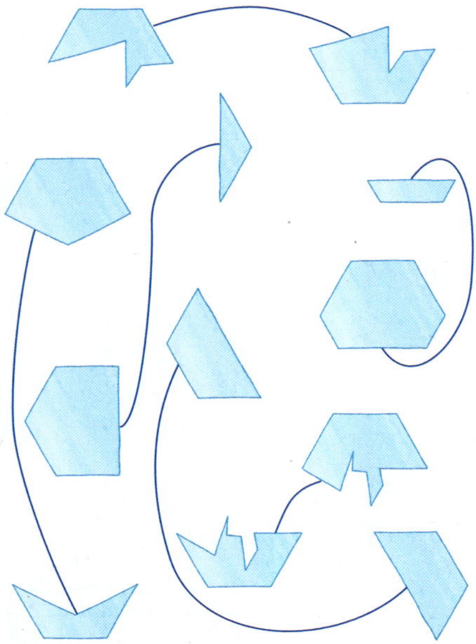

Teile, die zusammen ein Sechseck bilden, verbinden

Färbe interessant.

16	16	16
10 + 6	4 + 4 + 4 + 4	7 + 3 + 3 + 3

19	19	19
12 + 4 + 3	6 + 6 + 7	6 + 6 + 6 + 1

20	20	20
10 + 10	8 + 8 + 4	2 + 4 + 6 + 8

Zahlzerlegungen finden und notieren;
die Felder der Figuren so einfärben, dass schöne Muster entstehen, welche die Zerlegungen darstellen

*** Beispiellösung: andere Zerlegungen und Färbungen sind möglich.**

Welches Spiegelbild passt? Kreuze an.

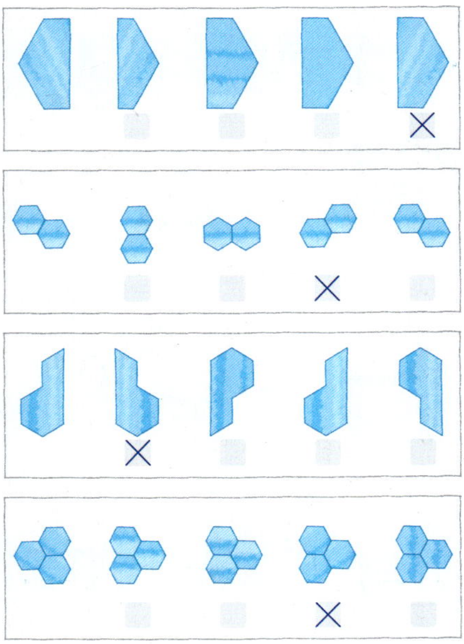

Kann mit einem Spiegel kontrolliert werden

Fehlende Zahlen notieren

*** Beispiellösung: andere Lösungen sind möglich.**
Letzte Aufgabe beliebig richtig ausfüllen.

Setze die Zahlen ein.

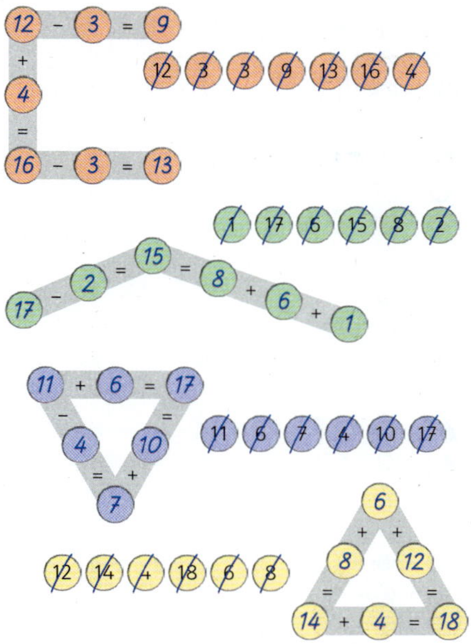

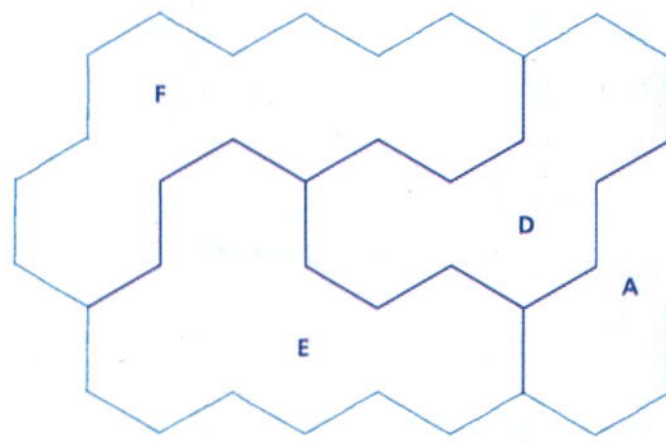

weitere Lösungen:
C, E, F, A
A, E, B, F

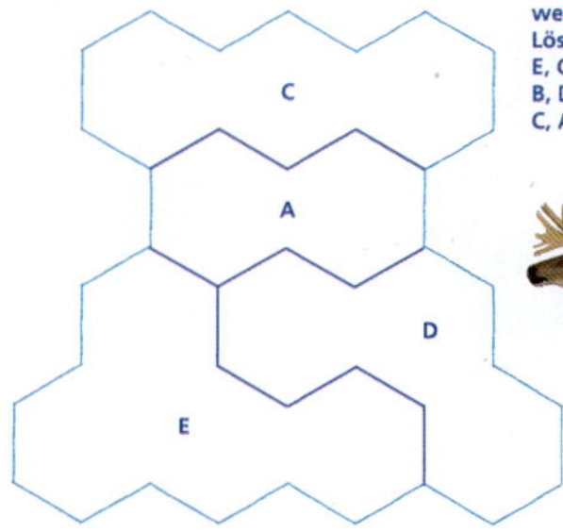

weitere Lösungen:
E, C, A, B
B, D, E, A
C, A, F, B

Ziffern so einsetzen, dass die Rechnungen stimmen

Es können immer auch gespiegelte oder gedrehte Varianten der angegebenen Eisschollenkombinationen möglich sein.

Finde alle Anordnungen.

Alle 24 möglichen Anordnungen finden und einzeichnen

Eismauern richtig aufbauen

5 + 6 = 11
5 + 7 = 12
5 + 8 = 13
5 + 9 = 14
5 + 10 = 15

8 + 7 = 15
9 + 6 = 15
10 + 5 = 15
11 + 4 = 15
12 + 3 = 15

13 − 7 = 6
14 − 7 = 7
15 − 7 = 8
16 − 7 = 9
17 − 7 = 10

6 + 9 = 15
5 + 9 = 14
4 + 9 = 13
3 + 9 = 12
2 + 9 = 11

20 − 7 = 13
20 − 8 = 12
20 − 9 = 11
20 − 10 = 10
20 − 11 = 9

16 − 8 = 8
15 − 8 = 7
14 − 8 = 6
13 − 8 = 5
12 − 8 = 4

Regelmäßige Päckchen ergänzen und lösen

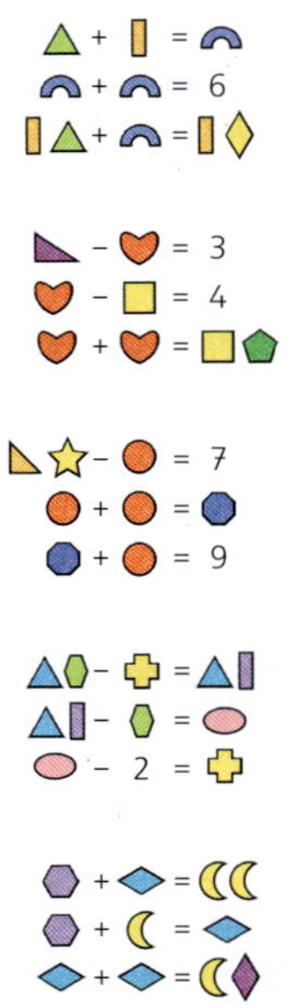

2 + 1 = 3 *
3 + 3 = 6
12 + 3 = 15

8 − 5 = 3
5 − 1 = 4
5 + 5 = 10

10 − 3 = 7
3 + 3 = 6
6 + 3 = 9

17 − 4 = 13 *
13 − 7 = 6
6 − 2 = 4

5 + 6 = 11
5 + 1 = 6
6 + 6 = 12

Gleiches Zeichen bedeutet gleiche Ziffer; Lösung in die rechts stehenden Felder notieren

*** Beispiellösung: eine andere Lösung ist möglich.**

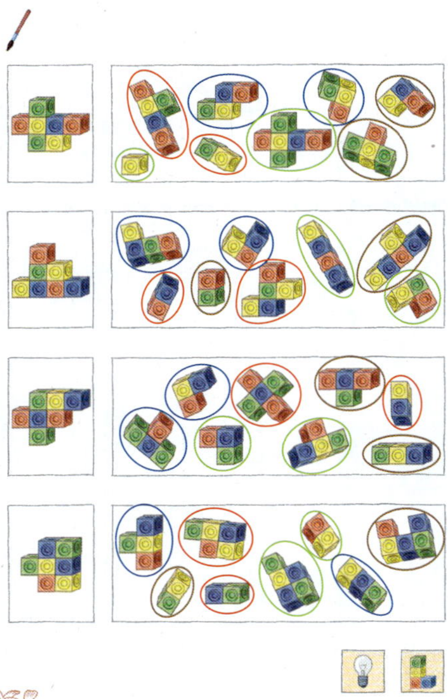

Zusammengehörende Teile finden und in der gleichen Farbe einkreisen

Zur Überprüfung der Lösung Figuren mit Steckwürfeln nachbauen

26

27

28

29

30

31

32

33

34

35

36

37

38

39
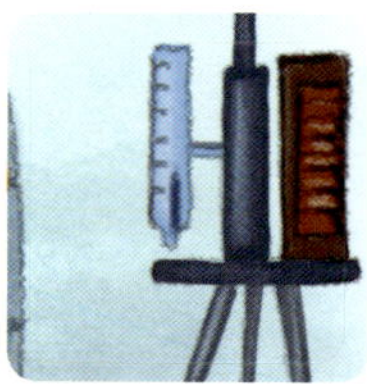
40

41

42

43

44

45

46

47

48

Mit diesem Heft übt:

Mit diesem Heft übt:

Lesetexte mit dem farbigen Silbentrenner
Leserabe – aktuelle Kinderliteratur

In Zusammenarbeit mit dem Ravensburger Buchverlag wurden mehrere Titel der erfolgreichen Leseraben-Serie mit dem farbigen Silbentrenner ausgestattet.

Lesestufe 1, 44 – 48 S., FeEbd

www.mildenberger-verlag.de/320

Das tollste Pony der Welt
ISBN 978-3-619-14340-5

Der verhexte Schulranzen
ISBN 978-3-619-14341-2

Die Bolzplatz-Bande macht das Spiel!
ISBN 978-3-619-14342-9

Piratengeschichten
ISBN 978-3-619-14346-7

Der kleine Drache und der Monsterhund
ISBN 978-3-619-14348-1

Pimpinella Meerprinzessin und der Delfin
ISBN 978-3-619-14352-8

Monstergeschichten
ISBN 978-3-619-14353-5

Ein Zebra auf dem Ponyhof
ISBN 978-3-619-14473-0

Nixengeschichten
ISBN 978-3-619-14451-8

Baumhausgeschichten
ISBN 978-3-619-14452-5

Trixi und die wilden Wikinger
ISBN 978-3-619-14440-2

Der Piratenhund
ISBN 978-3-619-14441-9

Das Rätsel der Drachenhöhle
ISBN 978-3-619-14442-6

Einhorngeschichten
ISBN 978-3-619-14443-3

Polizeigeschichten
ISBN 978-3-619-14444-0

App: ABC der Tiere 1 NEU

Lesen- und Schreibenlernen auf dem Tablet

Die ABC der Tiere Neubearbeitungs-App Klasse 1 bietet für Kinder ab ca. 5 Jahren eine Fülle an Übungen, die das Lesenlernen spielerisch vertiefen und effektiver machen. Jedes Kind kann lesen lernen – mit der „ABC der Tiere-App" und der Silbenmethode gelingt das garantiert.

Laden im App Store

JETZT BEI Google Play

www.mildenberger-verlag.de/624 · www.abc-der-tiere.de

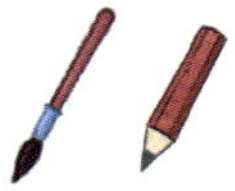

Färbe interessant.

12

6 +

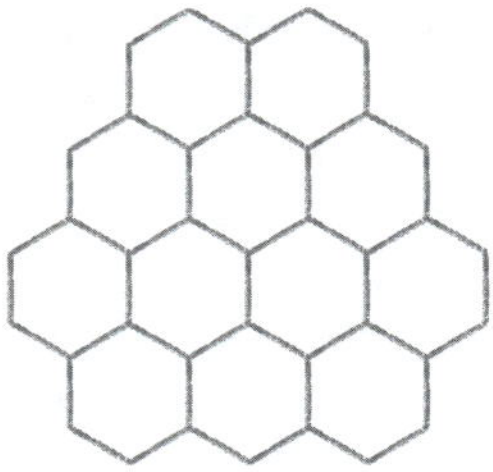

3 + 9

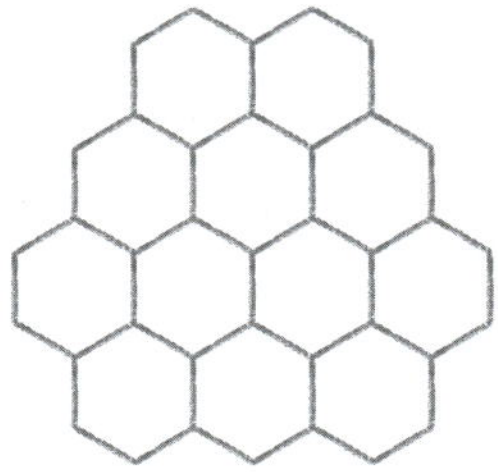

3 + 3 + 6

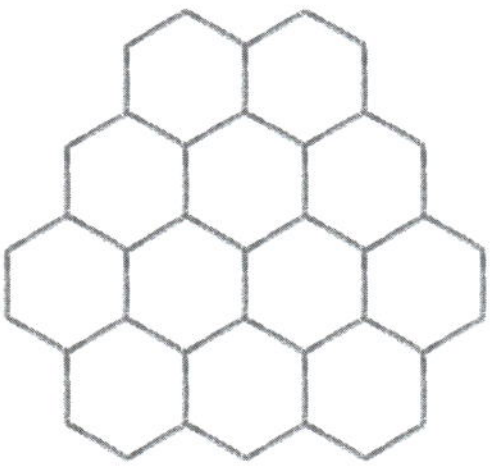

3 + 3 + 3 + 3

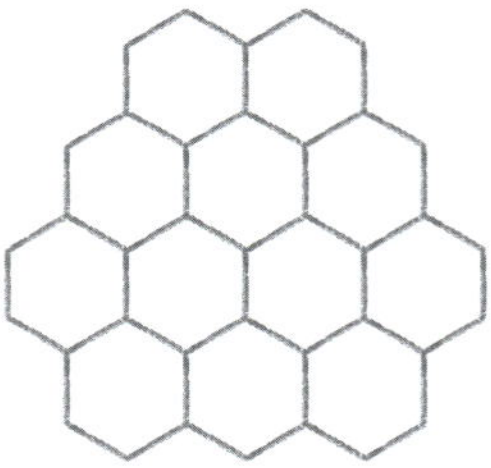

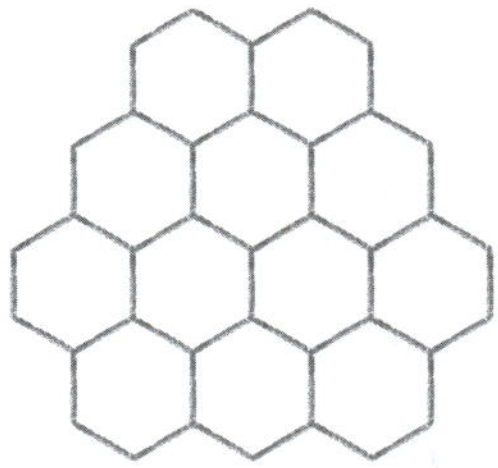

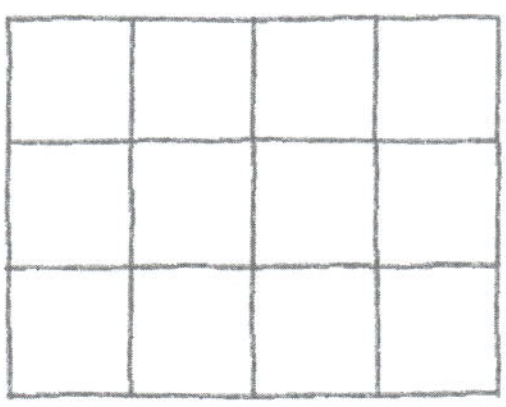

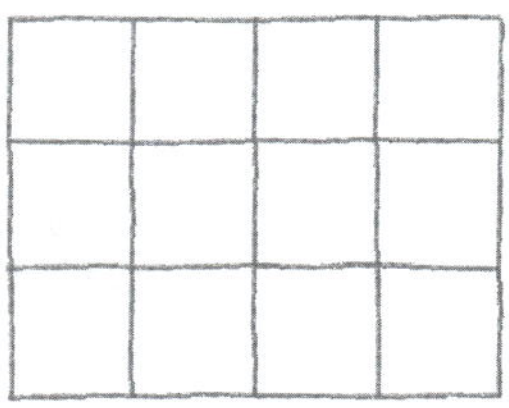

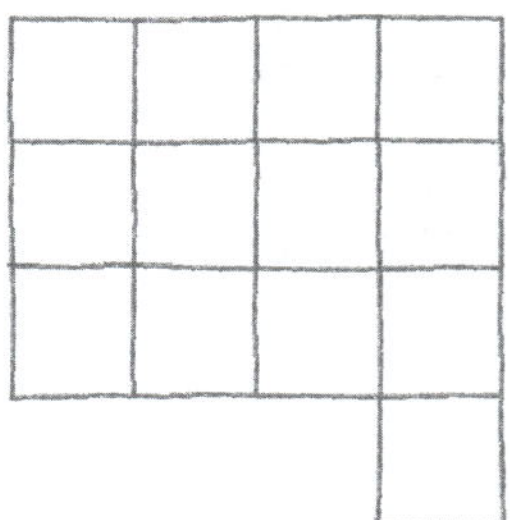

Setze fort.

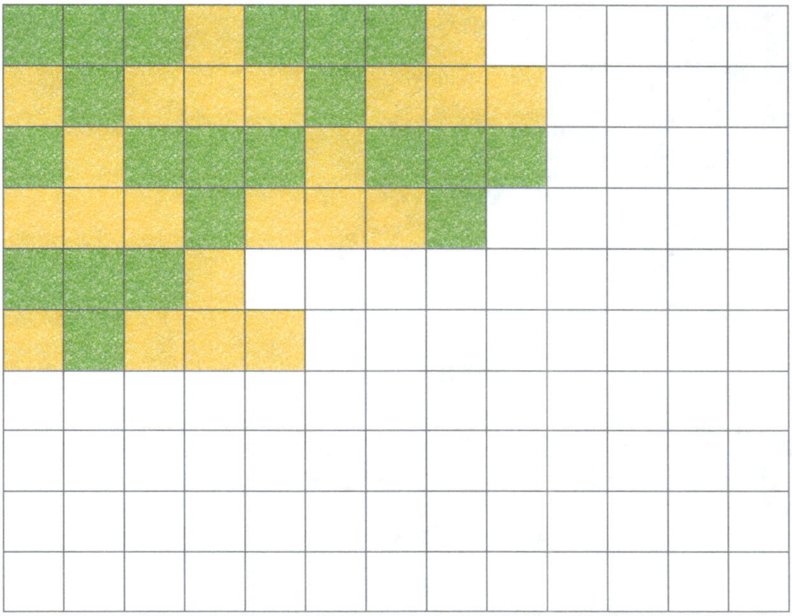

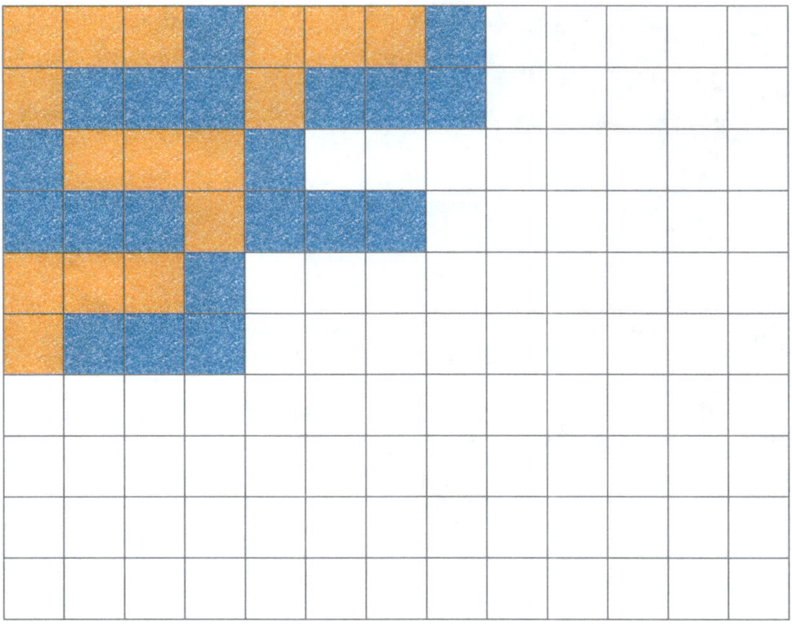

Finde 10 Fehler im unteren Bild. Kreise ein.

Trage die fehlenden Zahlen ein.

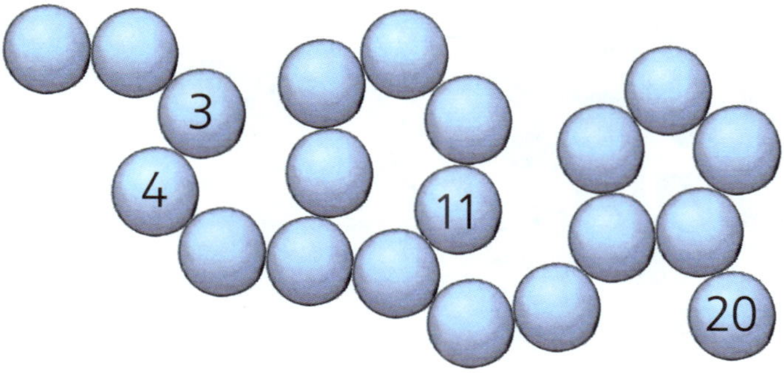

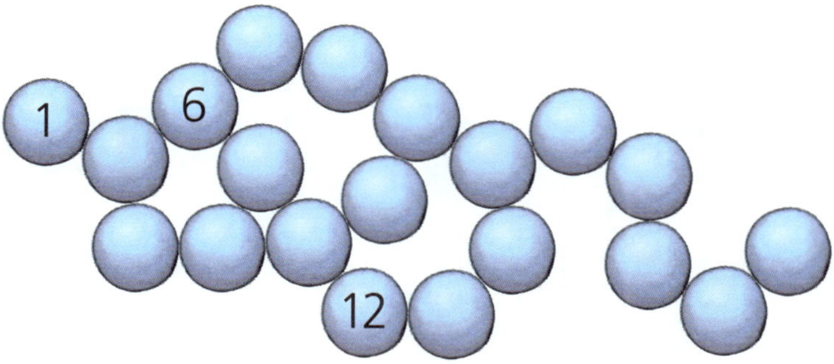

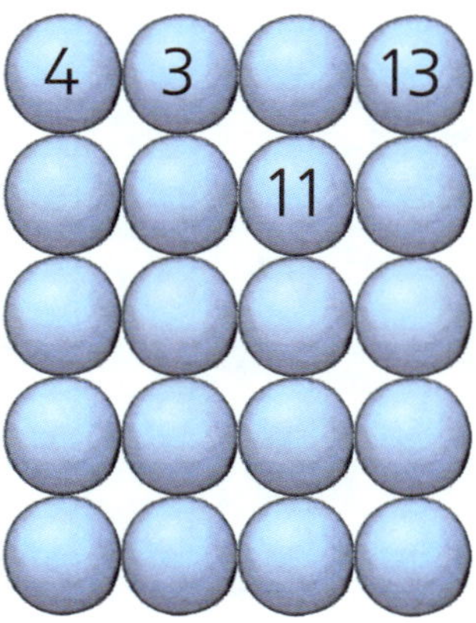

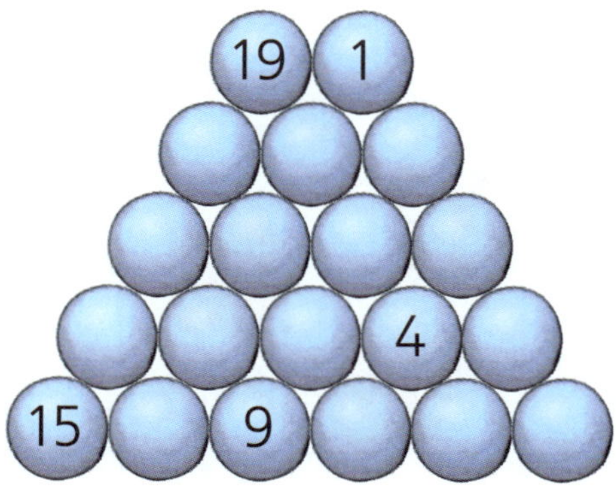

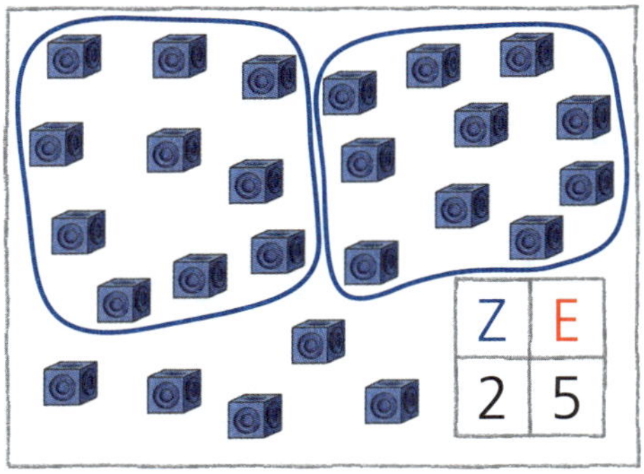

Z	E
2	5

20 + 5 = ___

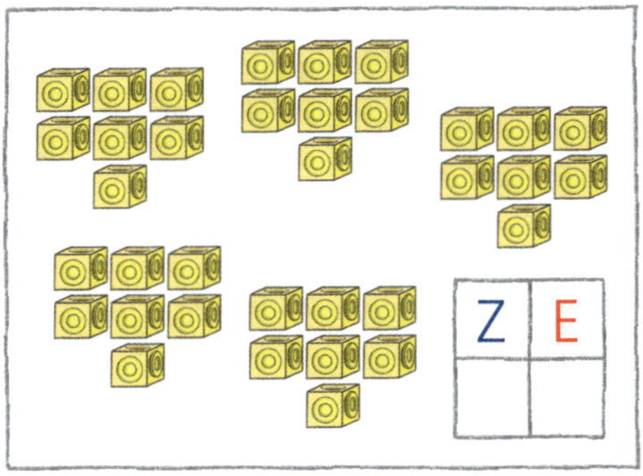

Z	E

___ + ___ = ___

Z	E

___ + ___ = ___

Z	E

___ + ___ = ___

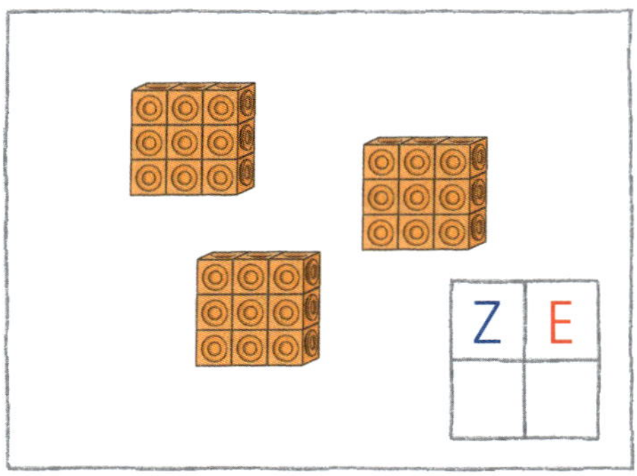

Z	E

___ + ___ = ___

Z	E

___ + ___ = ___

Steckwürfel bündeln, Ergebnisse in Stellenwerttabelle eintragen und Plusaufgabe notieren

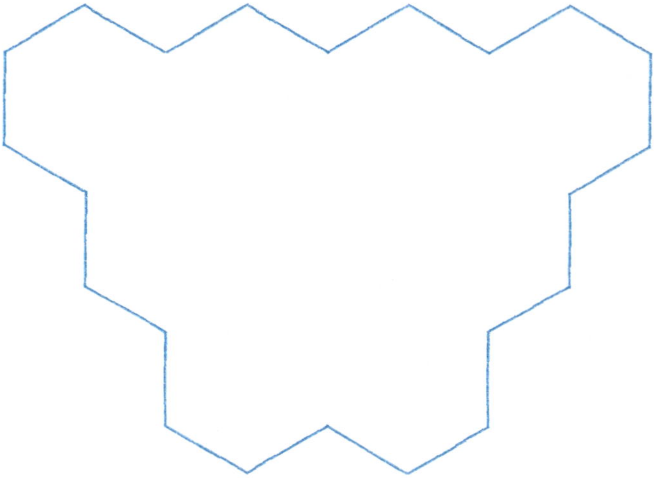

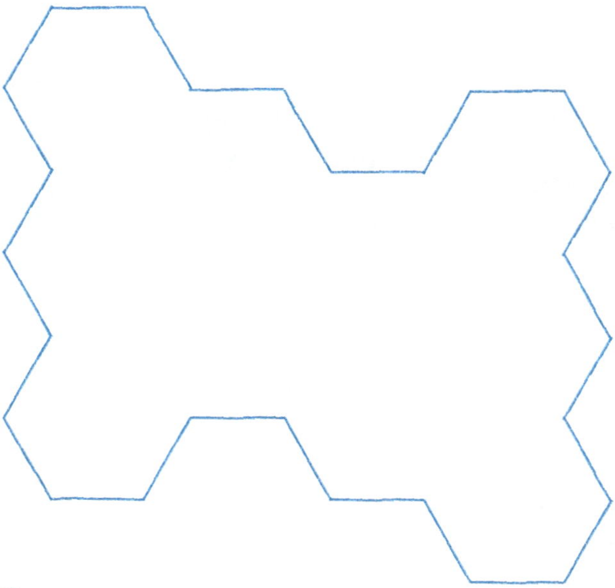

Figuren mit Eisschollen (Beilage 1) auslegen und Lösung einzeichnen;
es können mehrere Lösungen möglich sein

Ordne.

___ > ___ > ___

___ > ___ > ___

___ > ___ > ___

___ > ___ > ___

Gesamtlängen der farbigen Streifen vergleichen und ordnen; die Streifen von Beilage 2 können dabei helfen

	1	2	5	10	20
10	—	—	2	—	—
10					
10					
10					
10					

	1	2	5	10	20
20					
20					
20					
20					
20					

2 + ⬡ = ⬡

⬡ + ⬡ = ⬡

⬡ + ⬡ = ⬡

⬡ + ⬡ = 10

⬡ + ⬡ = ⬡

⬡ − 4 = ⬡

20 − ⬡ = ⬡

⬡ − ⬡ = ⬡

5 6 15 11 15

5 12 3 11 20 4

9 7 13 6 4 1 8

5 13 8 10 7 5

10 4 6 18 3 7

⬡ − ⬡ = ⬡

⬡ + ⬡ = 16

⬡ + 5 = ⬡

⬡ − ⬡ = ⬡

Ganz unten darf immer nur 0 oder 1 stehen.

Finde alle Aufgaben. Es dürfen immer nur die vorgegebenen Zahlen vorkommen.

5 6 11 17

___ + ___ = ___
___ − ___ = ___
___ + ___ = ___
___ − ___ = ___
___ + ___ = ___
___ − ___ = ___
___ + ___ = ___
___ − ___ = ___

4 8 12 16

___ + ___ = ___
___ − ___ = ___
___ + ___ = ___
___ − ___ = ___
___ + ___ = ___
___ − ___ = ___
___ + ___ = ___
___ − ___ = ___

2 7 9 16

___ + ___ = ___
___ − ___ = ___
___ + ___ = ___
___ − ___ = ___
___ + ___ = ___
___ − ___ = ___
___ + ___ = ___
___ − ___ = ___

6 7 13 20

___ + ___ = ___
___ − ___ = ___
___ + ___ = ___
___ − ___ = ___
___ + ___ = ___
___ − ___ = ___
___ + ___ = ___
___ − ___ = ___

Alle viergliedrigen Zerlegungen der Zahl 7 finden

Teile, die zusammen ein Sechseck bilden, verbinden

Färbe interessant.

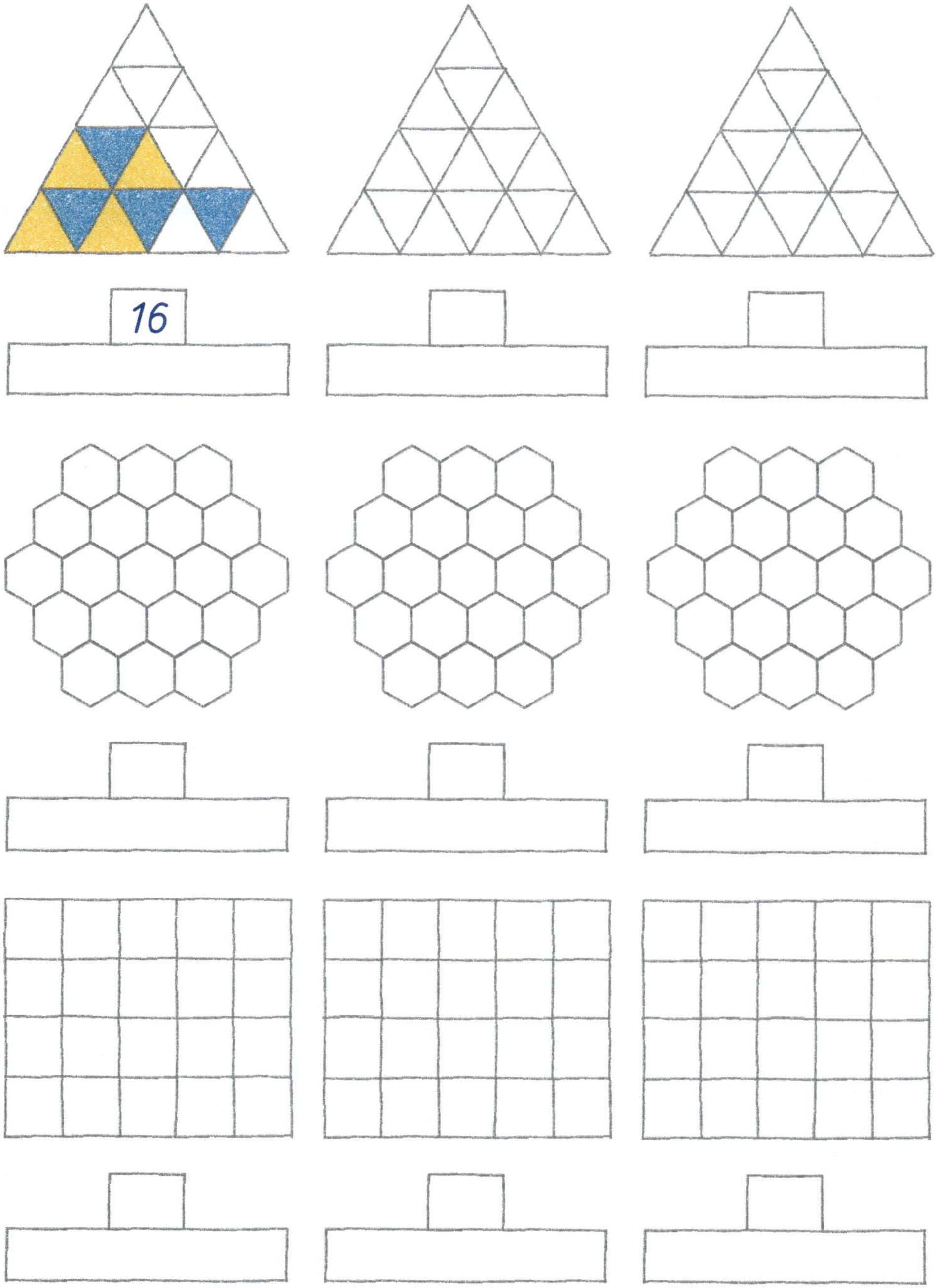

Zahlzerlegungen finden und notieren;
die Felder der Figuren so einfärben, dass schöne Muster entstehen, welche die Zerlegungen darstellen

Welches Spiegelbild passt? Kreuze an.

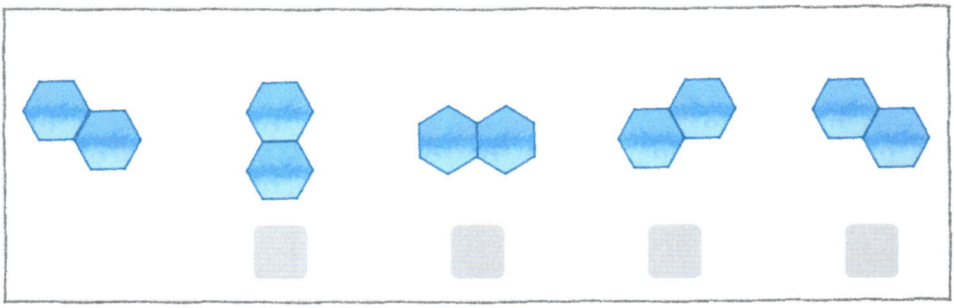

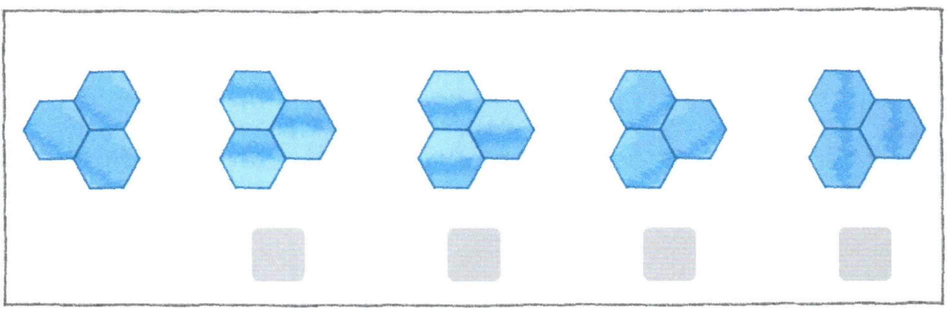

Kann mit einem Spiegel kontrolliert werden

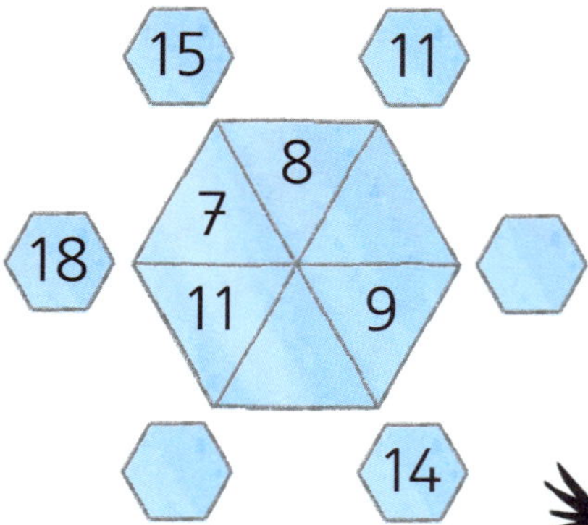
15
11
8
7
18
11
9
14

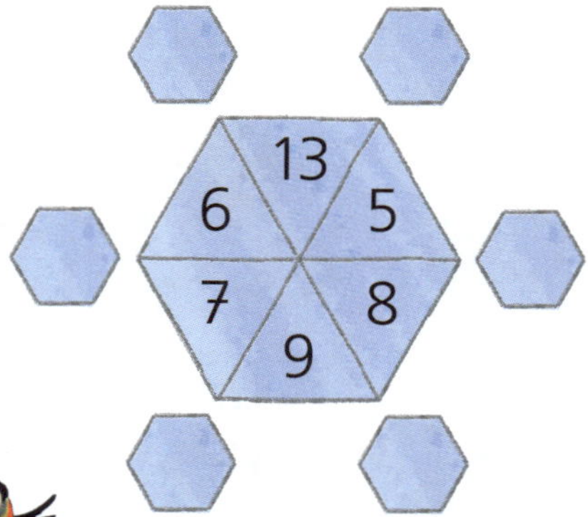
13
6
5
7
8
9

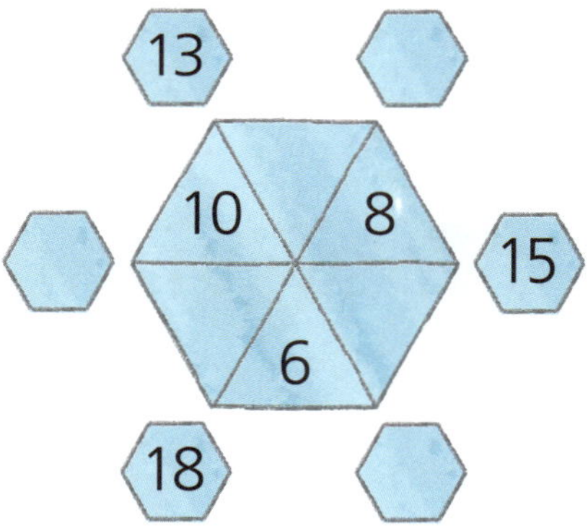
13
10
8
15
6
18

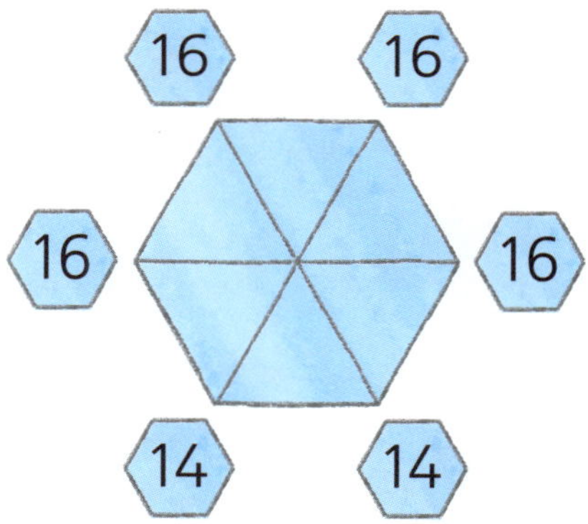
16
16
16
16
14
14

15
12
10
10
12
15

Setze die Zahlen ein.

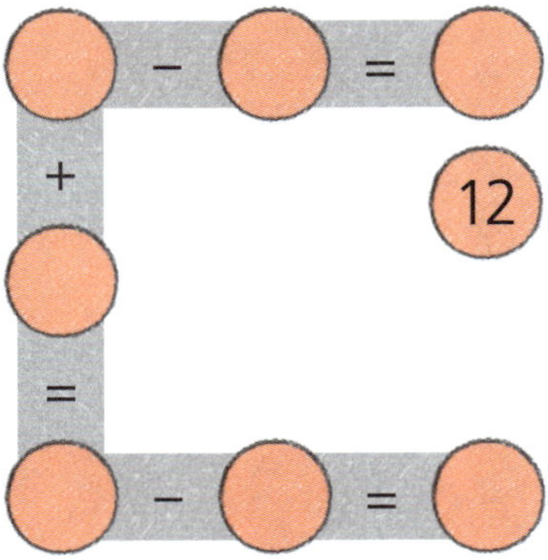

12 3 3 9 13 16 4

1 17 6 15 8 2

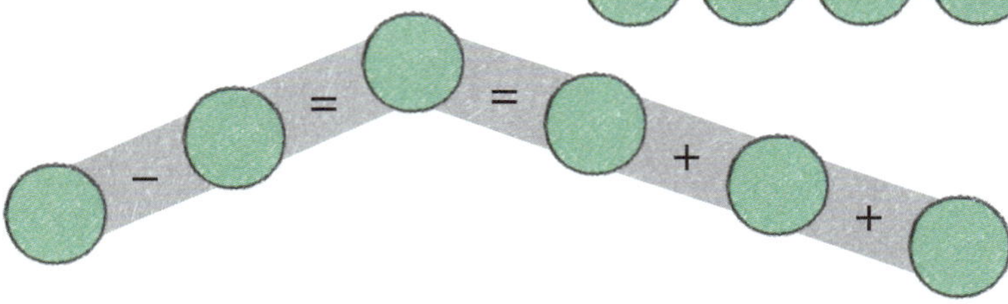

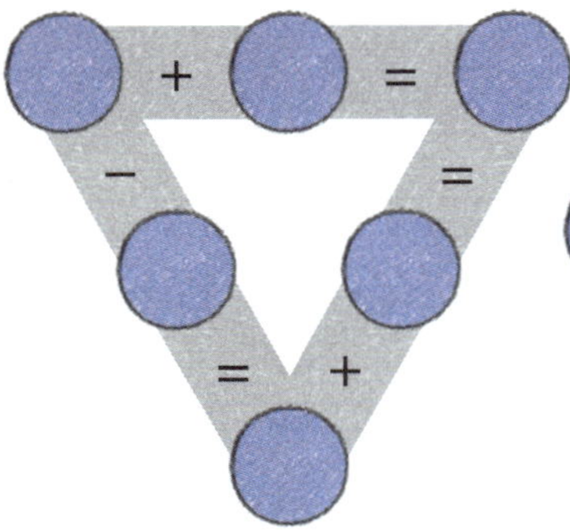

11 6 7 4 10 17

12 14 4 18 6 8

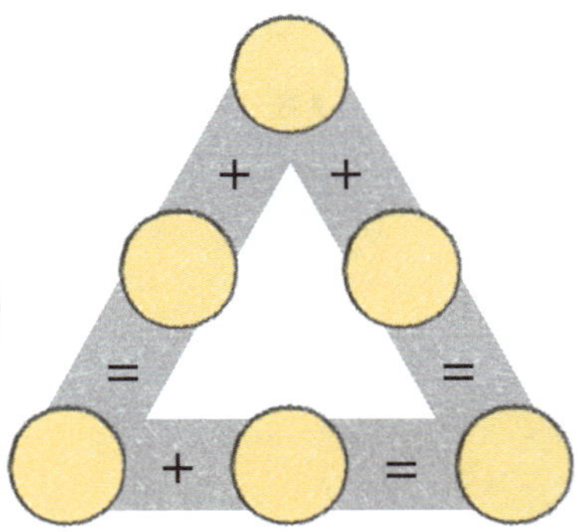

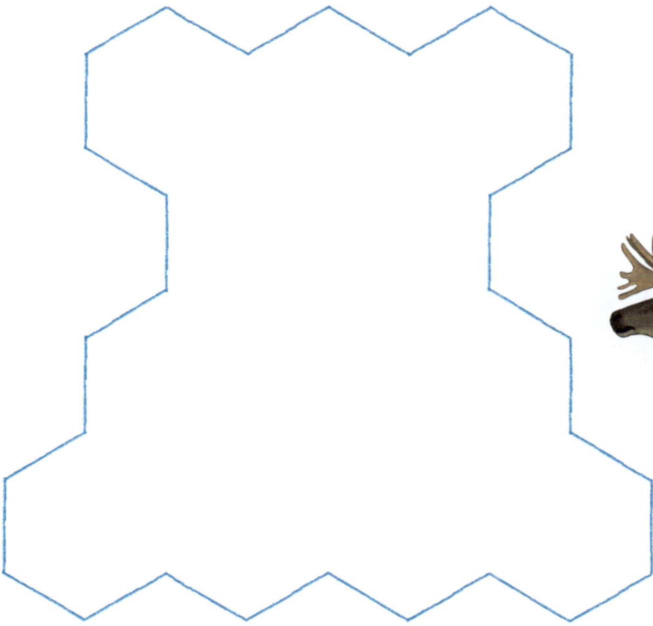

Figuren mit Eisschollen (Beilage 1) auslegen und Lösung einzeichnen;
es können mehrere Lösungen möglich sein

Finde alle Anordnungen.

Alle 24 möglichen Anordnungen finden und einzeichnen

4
3
3
1
8
2
7
3
15
5

4
1
8
17
9
5
2
3
4
6

7
2
12
3
7
5
12
4
5
24

2
13
8
3
4
5
4
21
1
8

	+		=	
5	+	7	=	
	+		=	
	+		=	
	+	10	=	15

8	+		=	
	+	6	=	
	+		=	
11	+		=	
	+	3	=	

	−		=	6
	−	7	=	7
	−	7	=	
	−		=	
	−		=	

	+	9	=	
	+	9	=	
	+		=	
	+		=	12
	+		=	11

	−	7	=	13
	−	8	=	
	−		=	
	−		=	
	−		=	9

	−	8	=	
15	−		=	
	−		=	6
	−	8	=	
	−		=	

Zusammengehörende Teile finden und in der gleichen Farbe einkreisen

Zur Überprüfung der Lösung Figuren mit Steckwürfeln nachbauen